“十三五”国家重点出版物出版规划项目
卓越工程能力培养与工程教育专业认证系列规划教材
（电气工程及其自动化、自动化专业）

电气测试技术

吴在军　编著

机 械 工 业 出 版 社

本书着眼于电气测试系统的关键共性技术，以“信号感知（传感）、信号传输（通信）、信号处理”为主线，系统介绍了先进电压电流传感技术、微弱信号检测、电气测试系统的通信技术、测量误差与数据处理、测试系统抗干扰技术等内容。通过对本书的学习，读者可对电气测试技术的综合分析、系统设计和应用有一个较为系统而全面的了解，掌握电气测试的基本理论和关键技术，为今后从事电气测试技术的研究、开发和应用工作奠定基础。

本书可作为高等学校电气类、自动化类专业研究生和高年级本科生“电气测试技术”相关课程的教材，也可作为从事电气测试领域技术研究与开发人员的参考书。

图书在版编目（CIP）数据

电气测试技术/吴在军编著. —北京：机械工业出版社，2022.3

“十三五”国家重点出版物出版规划项目　卓越工程能力培养与工程教育专业认证系列规划教材（电气工程及其自动化、自动化专业）

ISBN 978-7-111-70077-7

Ⅰ.①电…　Ⅱ.①吴…　Ⅲ.①电气测量-高等学校-教材　Ⅳ.①TM93

中国版本图书馆 CIP 数据核字（2022）第 013772 号

机械工业出版社（北京市百万庄大街 22 号　邮政编码 100037）
策划编辑：王雅新　　　　责任编辑：王雅新
责任校对：郑　婕　李　婷　责任印制：单爱军
北京虎彩文化传播有限公司印刷
2022 年 5 月第 1 版第 1 次印刷
184mm×260mm · 9 印张 · 205 千字
标准书号：ISBN 978-7-111-70077-7
定价：35.00 元

电话服务　　　　　　　　网络服务
客服电话：010-88361066　机 工 官 网：www.cmpbook.com
010-88379833　机 工 官 博：weibo.com/cmp1952
010-68326294　金 书 网：www.golden-book.com
封底无防伪标均为盗版　机工教育服务网：www.cmpedu.com

"十三五"国家重点出版物出版规划项目

卓越工程能力培养与工程教育专业认证系列规划教材

（电气工程及其自动化、自动化专业）

编审委员会

序

工程教育在我国高等教育中占有重要地位，高素质工程科技人才是支撑产业转型升级、实施国家重大发展战略的重要保障。当前，世界范围内新一轮科技革命和产业变革加速进行，以新技术、新业态、新产业、新模式为特点的新经济蓬勃发展，迫切需要培养、造就一大批多样化、创新型卓越工程科技人才。目前，我国高等工程教育规模世界第一。我国工科本科在校生约占我国本科在校生总数的1/3。近年来我国每年工科本科毕业生占世界总数的1/3以上。如何保证和提高高等工程教育质量，如何适应国家战略需求和企业需要，一直受到教育界、工程界和社会各方面的关注。多年以来，我国一直致力于提高高等教育的质量，组织实施了多项重大工程，包括卓越工程师教育培养计划（以下简称卓越计划）、工程教育专业认证和新工科建设等。

卓越计划的主要任务是探索建立高校与行业企业联合培养人才的新机制，创新工程教育人才培养模式，建设高水平工程教育教师队伍，扩大工程教育的对外开放。计划实施以来，各相关部门建立了协同育人机制。卓越计划要求试点专业要大力改革课程体系和教学形式，依据卓越计划培养标准，遵循工程的集成与创新特征，以强化工程实践能力、工程设计能力与工程创新能力为核心，重构课程体系和教学内容；加强跨专业、跨学科的复合型人才培养；着力推动基于问题的学习、基于项目的学习、基于案例的学习等多种研究性学习方法，加强学生创新能力训练，“真刀真枪”做毕业设计。卓越计划实施以来，培养了一批获得行业认可、具备很好的国际视野和创新能力、适应经济社会发展需要的各类型高质量人才，教育培养模式改革创新取得突破，教师队伍建设初见成效，为卓越计划的后续实施和最终目标达成奠定了坚实基础。各高校以卓越计划为突破口，逐渐形成各具特色的人才培养模式。

2016年6月2日，我国正式成为工程教育“华盛顿协议”第18个成员，标志着我国工程教育真正融入世界工程教育，人才培养质量开始与其他成员达到了实质等效，同时，也为以后我国参加国际工程师认证奠定了基础，为我国工程师走向世界创造了条件。专业认证把以学生为中心、以产出为导向和持续改进作为三大基本理念，与传统的内容驱动、重视投入的教育形成了鲜明对比，是一种教育范式的革新。通过专业认证，把先进的教育理念引入我国工程教育，有力地推动了我国工程教育专业教学改革，逐步引导我国高等工程教育实现从以教师为中心向以学生为中心转变、从以课程为导向向以产出为导向转变、从质量监控向持续改进转变。

在实施卓越计划和开展工程教育专业认证的过程中，许多高校的电气工程及其自动化、自动化专业结合自身的办学特色，引入先进的教育理念，在专业建设、人才培

养模式、教学内容、教学方法、课程建设等方面积极开展教学改革，取得了较好的效果，建设了一大批优质课程。为了将这些优秀的教学改革经验和教学内容推广给广大高校，中国工程教育专业认证协会电子信息与电气工程类专业认证分委员会、教育部高等学校电气类专业教学指导委员会、教育部高等学校自动化类专业教学指导委员会、中国机械工业教育协会自动化学科教学委员会、中国机械工业教育协会电气工程及其自动化学科教学委员会联合组织规划了“卓越工程能力培养与工程教育专业认证系列规划教材（电气工程及其自动化、自动化专业）”。本套教材通过国家新闻出版广电总局的评审，入选了“十三五”国家重点图书。本套教材密切联系行业和市场需求，以学生工程能力培养为主线，以教育培养优秀工程师为目标，突出学生工程理念、工程思维和工程能力的培养。本套教材在广泛吸纳相关学校在“卓越工程师教育培养计划”实施和工程教育专业认证过程中的经验和成果的基础上，针对目前同类教材存在的内容滞后、与工程脱节等问题，紧密结合工程应用和行业企业需求，突出实际工程案例，强化学生工程能力的教育培养，积极进行教材内容、结构、体系和展现形式的改革。

经过全体教材编审委员会委员和编者的努力，本套教材陆续跟读者见面了。由于时间紧迫，各校相关专业教学改革推进的程度不同，本套教材还存在许多问题，希望各位老师对本套教材多提宝贵意见，以使教材内容不断完善提高。也希望通过本套教材在高校的推广使用，促进我国高等工程教育教学质量的提高，为实现高等教育的内涵式发展积极贡献一份力量。

卓越工程能力培养与工程教育专业认证系列规划教材

（电气工程及其自动化、自动化专业）

编审委员会

前 言

“电气测试技术”是电气类专业中学科交叉性较强的专业课程，涉及的主要先修课程包括模拟电路、数字电路、信号与系统、微机系统与接口等。学生对于这些先修课程所涉及的理论知识应该已经掌握。课程教学内容还包括电流、电压、转速、压力、温度、流量等电量和非电量的测量方法，但这部分内容对于高年级理工科学生也易于理解。

编者在多年的“电气测试技术”课程教学中，参考过多本相关教材，发现多数教材的内容与模拟电路、数字电路、传感器等教材的内容有大量重复，而对电气测试系统分析与设计应掌握的共性技术阐述不充分。因此，本书编写着眼于电气测试系统共性关键技术，以“信号感知（传感）、信号传输（通信）、信号处理”为主线，介绍先进电流电压传感技术、微弱信号检测、电气测试系统的通信技术、测量误差与数据处理、测试系统抗干扰技术、测试系统可靠性和测试系统实现等内容，力图使学生对电气测试的综合分析、系统设计和应用有较为系统而全面的认识，为今后从事电气测试技术与系统的研究、开发和应用工作奠定技术基础。

本书主要内容基于东南大学电气工程学院“电气测试技术”课程讲义。在十余年的教学过程中，同行老师和选课学生给予了我很多建设性的意见和建议，使得内容不断迭代完善。尽管如此，编者一直没有勇气将讲义出版成书，因为每一次上课总感觉还有很多不尽如人意的地方。感谢机械工业出版社的王雅新编辑不断地鼓励我、督促我，终于让本书成稿。

在本书正式出版之际，感谢东南大学张朋教授编写了最初的讲义。感谢教育部高等学校电气类专业教学指导委员会主任委员胡敏强教授指明了本书的编写方向并提出了要求。感谢东南大学所有选修这门课程的硕士研究生的意见反馈，尤其感谢徐伟庭、冯可、徐东亮、陈佳铭、赵阳、刘鉴雯、朱颖文、高鹏、许佳杰、丁佳昀等同学在本书成稿过程中辛勤的文字编辑工作。感谢东南大学优秀研究生教材出版项目的资助。

在本书编写过程中，参阅了相关专家的教材、著作与论文。在此，一并表示衷心感谢。

限于编者能力与水平，书中难免存在疏漏与不妥之处，请广大读者不吝批评指正。

吴在军

目　录

第1章 绪论

在自然界中，任何客观事物在被研究的过程中，都要通过测量来实现。由于事物在不断发展变化，要精确描述客观世界的行为状态和规律就需要测量，要了解事物之间的差别也需要测量。经过测量，得到客观世界的变化规律，用公式、定律、图表等方式表达出来，然后要进行两方面的工作：一是进一步研究这一客观世界的特征和行为，称之为“科学”；二是进行有效的设计和应用，称之为“工程技术”。所有这两方面的工作都起始于测量，依赖于测量。没有测量，便没有科学。

1.1 测试技术概述

1.1.1 测量与测量方法

世界是物质的，运动是永恒的，差异是绝对的，这是辩证唯物论的基本观点。客观世界，万事万物都在不断地发展变化。早在公元前5世纪，希腊哲学家赫拉克利特（Heraclitus）就说过，“人不能两次踏入同一条河，因为河水在不停地流动。”2000多年前，我国的先哲也已经认识到这一点。“子在川上曰，逝者如斯夫！”说明一切都在变化，像江水一样，奔流不息，永无止境。寓言“刻舟求剑”也是用来比喻事物已变化了，人的认识也应随之而变。

英国物理学家卡尔文曾说过，“凡存在之物，必以一定的量存在。”“当你能测量你所谈及的事物，并将它用数字表达时，你对它便是有所了解的；而当你不能测量它，不能将它用数字表达时，你的知识是贫瘠的且不能令人满意的。”可见，凡是要定量描述事物的特征和性质都离不开测量。

测量就是为了获得信息，是人类认识世界、分析事物的一种手段。所谓“测量”，是确定被测量的定量描述符号或定性描述符号的全部过程。通过测量得到数值的属于定量描述，而在语义中的测量则为定性描述。一般意义上，测量通常指定量描述，它可以定义为“根据一个约定的单位，给研究对象的某个属性赋予一个数值，这个数值精确地表示该对象属性的特征”。

根据测量值获取方法的不同，测量可以分为直接测量、间接测量和组合测量。

1）直接测量法：是指无须通过数学模型的计算，通过测量可直接得出结果。如用电压表测量电压、电桥测量电阻等。

2）间接测量法：需要通过数学模型的计算得出测量结果。利用被测量与某些物理量间的函数关系，先测出这些物理量（间接量），再得出被测量数值的方法。如伏安法测量电阻、功率等。

3）组合测量法：被测量与多个量存在多元函数关系时，可以直接测量出这几个相关的量，然后解方程组求出被测量，如测量电阻的温度系数 α、β。

1.1.2 测试与电气测试

测试是具有试验性质的测量。测量是为了获得被测对象的量值而进行的试验过程。试验是为了了解物质的性能进行的试探性的操作。测试技术是测量技术和试验技术的总称，它依靠一定的科学技术手段定量地描述事物的状态变化和特征。从广义的角度而言，测试技术涉及试验设计、模型试验、传感器、信号调理和处理、误差理论、控制决策、系统辨识和参数估计等内容；从狭义的角度来讲，测试技术是指在选定的激励方式下所进行的信号检测、变换、处理、显示、记录以及输出的数据处理工作。

测试的基本任务是获取有用的信息，通常包含测量、计量、计算、检验、判断等多层含义，相比单纯的测量有着更丰富的内容。测试的范畴包括以下几方面：

1）将被测量与标准量相比较，以获得被测对象的数值结果。

2）将被测量与设定值比较，以对被测对象进行性能、质量、功能等方面的评价。

3）对测试数据进行处理，处理结果可形成各种信息，也可执行不同的操作。

电气测试泛指一切利用电气技术进行的测试，以及对电气系统与设备所进行的测试。电气测试通常包括以下几个方面：

1）电参数的测量，如测量电压、电流、电量和电功率等。

2）磁参数的测量，如测量磁感应强度、磁场强度、磁通、磁矩、磁导率、磁滞和涡流损耗等。

3）电路元件参数的测量，如测量电阻、电感、电容、功率与介质损耗角等。

4）信号与电源质量测量，如测量波形、频率、相位、噪声、干扰等。

5）有关电气系统与设备非电参数的测量，如测量转速、转矩、压力、温度、噪声、振动等。

1.2 测试系统

1.2.1 测试系统的构成

测试系统的主要任务是获取和传递被测对象的各种参数。为了将被测对象的各种参量传递到接收方或观察者，必须采用适当的转换设备，将这些参量按照一定的规律转换成相应的信号，一般为电信号，再经过合适的传输介质，如信号传输电缆、光缆、空间等，将信号传递到接收方。

测试系统的原理性结构框图如图 1-1 所示，主要由信号感知（传感）、信号传输、信号处理、结果输出等部分组成。信号感知（传感）、信号传输、信号处理、结果输出等功能单元构成特定的测试设备。

狭义的测试系统中仅指测试设备，广义的测试系统则包括测试设备、测试环境和测试者。需要注意的是，测试环境，尤其是测试者通过自身的行为和方式，

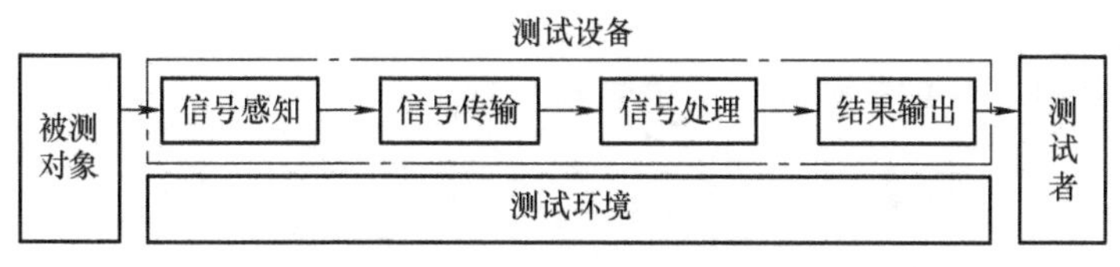

图 1-1 测试系统原理性结构框图

直接或间接地影响着系统的传递特性。因此，评估测试系统性能时，必须考虑这两方面因素的影响。

根据测试的自动化程度，测试系统分为手动测试系统和自动测试系统。手动测试系统依赖传统的技术手段，人工记录和处理数据。自动测试系统不仅可以进行数据的传输与存储，还具备数据的处理和显示输出等功能。

1.2.2 测试系统的分析

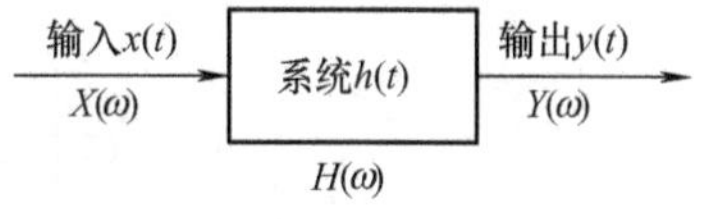

图 1-2 测试系统模型

测试系统与其输入、输出之间的关系可用图 1-2 表示，其中 $x(t)$、$y(t)$ 分别表示输入、输出量，$h(t)$表示系统的传递特性。

理想的测试系统应该具有单值的、确定的输入/输出关系，如图 1-3 所示。对于每一个输入量都应该只有唯一的输出量与之对应，知道其中一个量就可以确定另一个量，其中以输出和输入呈线性关系最佳。

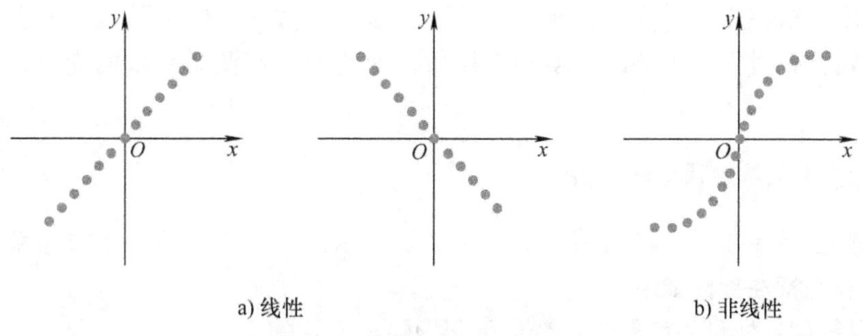

图 1-3 测试系统输入/输出特性

在测试系统分析中常见的问题有三种：系统辨识、系统预测和系统反求。

1）系统辨识：$x(t)$、$y(t)$ 可测，推断系统的传递特性 $h(t)$。

2）系统预测：$x(t)$、$h(t)$ 已知，估计系统的输出 $y(t)$。

3）系统反求：$y(t)$、$h(t)$ 已知，推断系统的输入 $x(t)$。

1.2.3 测试系统的基本指标

1. 精度（精确度）

精度表示测量结果与“真值”的接近程度，从精密度和准确度两方面来描述。

1）精密度（precision）：测试系统测量值的分散程度，反映随机误差的大小。

2）准确度（accuracy）：测量值有规则地偏离真值的程度，反映系统误差的大小。

测试系统精密度与准确度的关系如图 1-4 所示。

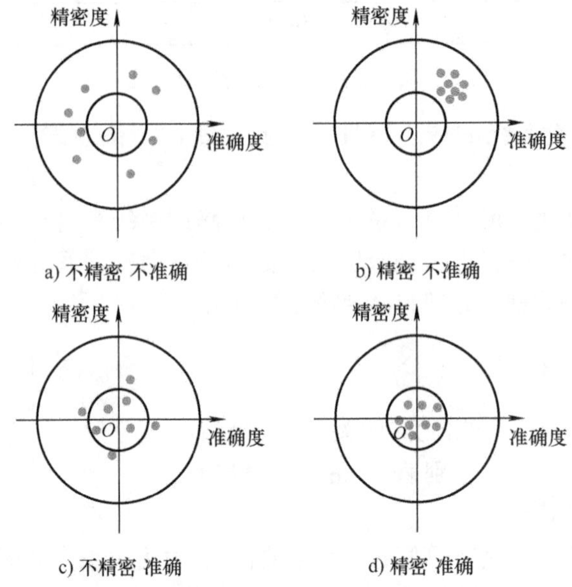

图 1-4 测试系统精密度与准确度关系

2. 稳定度

稳定度是指在规定时间内，测量条件不变时，测试系统内部随机因素引起的测量结果的变化，有时会由于外部环境和工作条件变化而引起测量结果的变化，则被称为环境影响。

1.2.4 测试系统的静态特性

静态特性是指在稳态输入情况下，测试系统输出与输入之间的函数关系。测试系统常见的静态特性指标如下。

1）灵敏度：测试系统输入的变化引起的输出变化的比值。

2）分辨率：测试系统测量值可以响应的或分辨的最小输入量的变化，表示系统响应或分辨输入量微小变化的能力。

3）线性度：测试系统输出量与输入量之间的关系曲线与选定的工作直线偏离的程度。线性度亦称非线性误差，可以由式(1-1）导出。测试系统线性度如图 1-5 所示。

$$L = \frac{|y_i - y_i'|_{max}}{Y_{max}} \tag{1-1}$$

4）迟滞：测试系统输入量由小增大或由大减小过程中，对应于同一输入会得到两个不同输出，两者差值称为迟滞。

5）回程误差（见图 1-6）：全量程范围内的最大迟滞差值与标称满量程输出的比值的百分率。该误差产生的原因在于某些元件有能量吸收，如弹性变形的滞后现象、磁

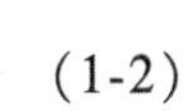

性元件的磁滞现象等。

$$\text{回程误差} = \frac{h_{max}}{A} \times 100\% \tag{1-2}$$

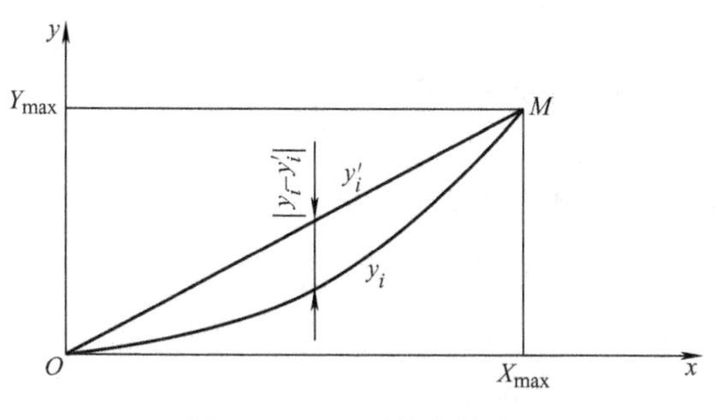

图 1-5　测试系统线性度

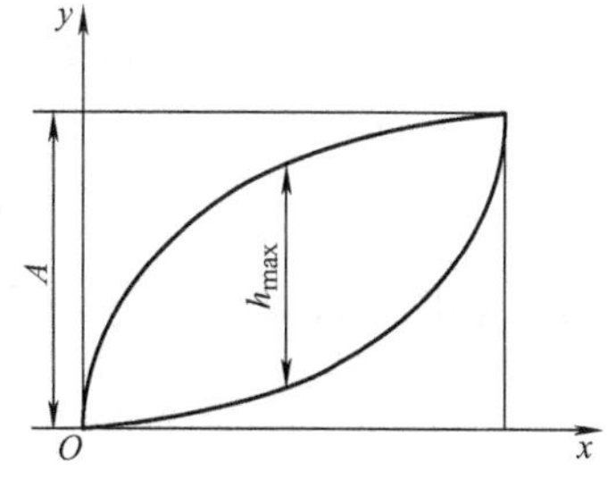

图 1-6　测试系统回程误差

6）漂移：测试系统保持输入信号不变时，输出信号的缓慢变化称为漂移。随时间的漂移称为时漂，随环境温度的漂移称为温漂。漂移反映测试系统的工作稳定性。

7）可靠性：在规定的工作条件和工作时间内，测试系统保持原有技术性能的能力。

衡量系统可靠性的综合指标为有效度。

$$\text{有效度} = \frac{\text{平均无故障工作时间}}{\text{平均无故障工作时间} + \text{平均修复时间}}$$

1.2.5　测试系统的动态特性

动态特性是指测试系统的输出对于随时间变化的输入量的响应特性。一般地，在所考虑的测量范围内，测试系统可以认为是线性系统。测试系统的动态特性指标通常包括频域指标和时域指标。由频率响应特性可得到频域指标，主要有固有角频率、工作频带、相位角等。由系统的阶跃响应特性可得到时域指标，主要有上升时间、响应时间等。

1）上升时间：当系统输入阶跃信号时，系统输出从稳态值的 10% 上升到 90% 所需的时间。

2）响应时间：当系统输入阶跃信号时，系统输出从一个稳定值变到另一个稳定值（有时取 90%）时所需的时间。

1.3　信号不失真测试

测试系统对被测信号加工和处理后在系统的输出端以不同形式输出。系统输出的信号应该真实地反映原始被测信号，这样的测试过程称为“不失真测试”或“精确测试”。

信号不失真是指系统响应 $y(t)$ 的波形和输入 $x(t)$ 的波形完全相似（见图 1-7），从而保留了原信号的特征和全部信息。

信号不失真测试频域条件（见图 1-8）如下。

1）幅频特性 $A(\omega)$ 在 $x(t)$ 的频谱范围内为常数。

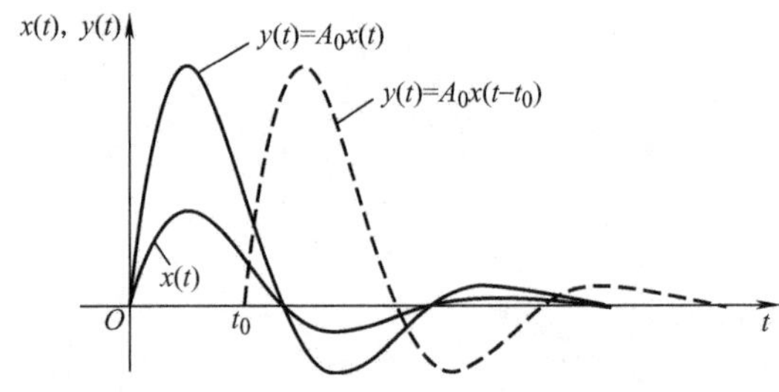

图 1-7　测试系统信号不失真测试

2）相频特性 $\varphi(\omega)$ 与 ω 呈线性关系，为一经过原点的直线。

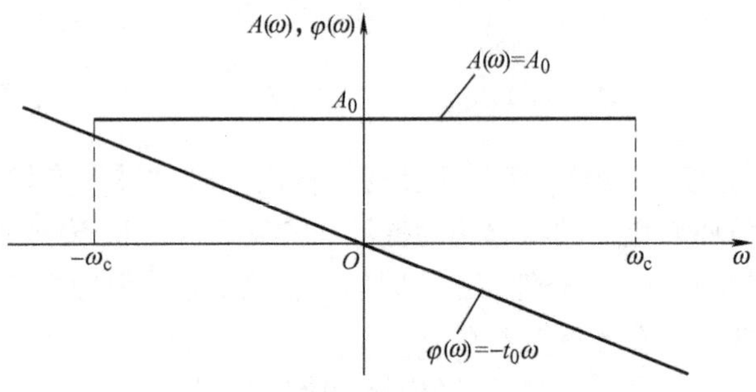

图 1-8　测试系统信号不失真测试频域条件（$|\omega|>\omega_c$ 时，$A(\omega)=0$）

第2章 先进电压电流传感技术

电压、电流是电气测试系统最常见的被测物理量。随着先进传感技术和材料技术的发展，在传统的电磁测量基础上，出现了大量的基于物理量耦合与转换的新型电压电流传感原理与方法。新型电压/电场和电流/磁场传感技术主要将电学物理量（电压、电场、电流、磁场）转换为光学物理量（光强、相位），通过对转换后的物理量进行测量和反演，实现对原电学物理量的传感与量测。这类测量技术具有抗电磁干扰、无损传输、幅值和频率测量范围宽等优势。同时，信号传输的光纤化和信息处理的数字化是这类先进电压/电流测量技术的共性。

2.1 引言

互感器是电气测试系统中重要的测量设备，为系统提供电流、电压等电量信息。传统互感器基于电磁感应原理，其性能稳定，并具有长期的运行经验。但随着电力系统电压等级不断提高，传统互感器的缺点也越发明显，主要集中于以下几点：

1）绝缘问题：传统互感器主要基于油、纸绝缘和气体（含空气）绝缘等技术。随着电压等级的提高，体积和重量也不断加大，产品的绝缘结构复杂，实现难度大，造价高。

2）误差问题：由于电磁式电流互感器固有的磁饱和现象，一次电流较大时会使二次输出发生畸变，故障电流测量的准确度下降。

3）安全问题：电磁式电压互感器在运行中二次侧短路易烧毁互感器，电磁式电流互感器在运行中二次侧开路易出现高电压危险。

电子式互感器从原理上避免了传统电磁式互感器的固有缺陷，二次侧可直接输出数字信号，适应了电力系统数字化、智能化和网络化的发展需要。

根据国际电工委员会（IEC）标准 IEC 60044—7：1999《电子式电压互感器》和 IEC 60044—8：2002《电子式电流互感器》定义，电子式互感器是由一次传感器、传输系统和转换器组成，用于传输正比于被测量的信号，供给测量仪器仪表、保护或控制装置。以电子式电流互感器为例，其通用框图如图 2-1 所示。

根据其高压部分是否需要工作电源，电子式互感器可分为有源式和无源式两大类，同时根据测量原理又可细分为不同类型，具体如图 2-2 所示。

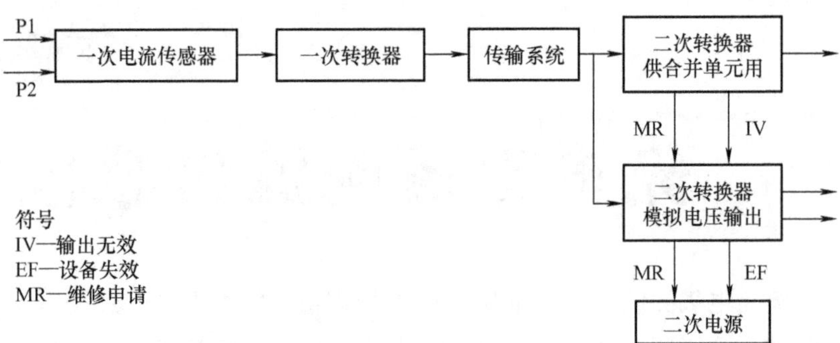

图 2-1　单相电子式电流互感器的通用框图

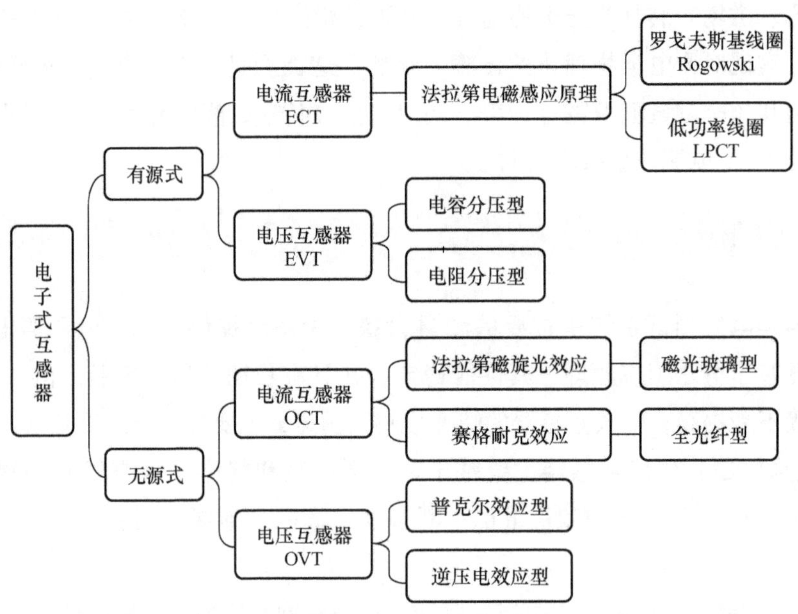

图 2-2　电子式互感器分类示意图

2.2　电子式电压互感器

电子式电压互感器（Electronic Voltage Transformer，EVT）又称有源电子式电压互感器，其典型结构如图 2-3 所示。根据分压原理的不同，电子式电压互感器又分为电容分压和电阻分压两种类型。

和常规的电磁式电压互感器相比，EVT 具有不含铁心、没有磁饱和、频带宽、动态测量范围大、测量准确度高、测量保护范围内完全线性、传输性能好等优点，具备优良的瞬变响应特性。另外，EVT 二次短路不会产生大电流，也不会产生铁磁谐振，保证了人身和设备安全。

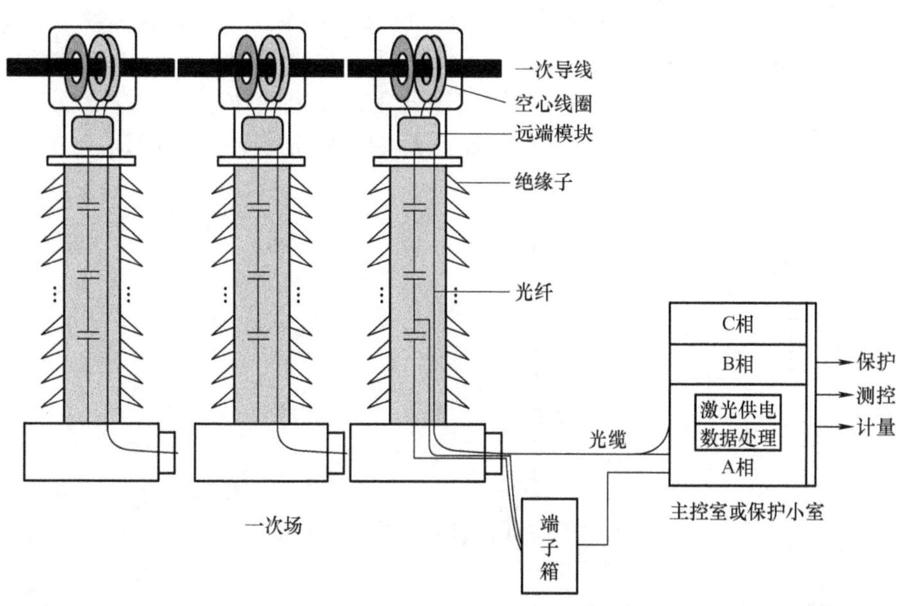

图2-3 电子式电压互感器典型结构

2.2.1 电容式电压互感器

电容式电压互感器利用电容器的分压作用将高电压按比例转换为低电压，其基本原理如图2-4所示，其核心为一电容式分压器。分压器由高压臂电容 C_1 和低压臂电容 C_2 组成，电压信号在低压侧取出。U_1 为一次电压，U_{C1}、U_{C2}为分压电容上的电压。由于两个电容串联，所以有 $U_{C2}=U_1C_1/(C_1+C_2)=U_1k$。只要适当选择 C_1 和 C_2 的电容量，即可得到合适的分压比。

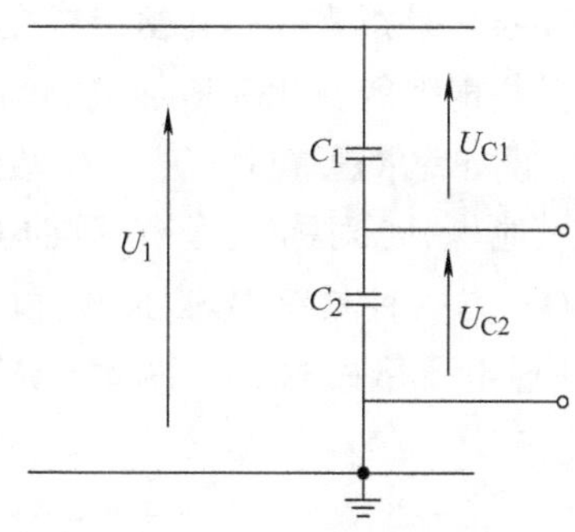

图2-4 电容式电压互感器基本原理图

2.2.2 电阻式电压互感器

电阻式电压互感器的工作原理如图2-5所示，其核心为一电阻式分压器。分压器由高压臂电阻 R_1 和低压臂电阻 R_2 组成，电压信号在低压侧取出。U_1 为高压侧输入电压，U_2 为低压侧输出电压。由于两个电阻串联，所以有 $U_2=U_1R_2/(R_1+R_2)=U_1k$，

被测电压和 R_2 上的电压在幅值上相差 k 倍，相位差为零。只要适当选择 R_1 和 R_2 的电容量，即可得到所需的分压比。为防止低压部分出现过电压，保护二次侧测量装置，必须在低压电阻上加装一个放电管或稳压管，使其放电电压恰好略低于或等于低压侧的最大允许电压。为了使电子电路不影响电阻分压器的分压比，加一个电压跟随器。

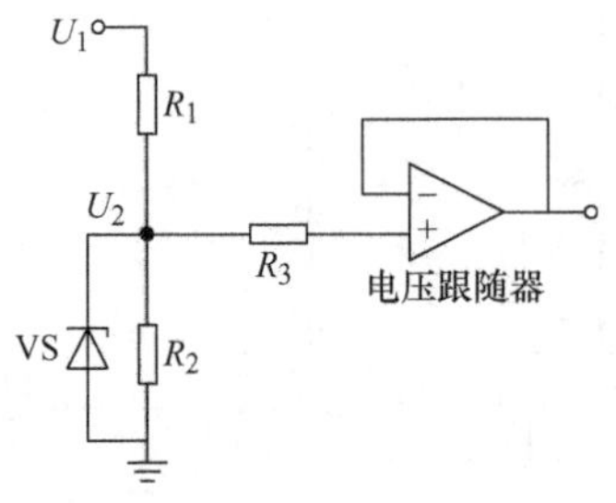

图 2-5　电阻式电压互感器原理图

2.3　光学电压互感器

光学电压互感器（Optical Voltage Transformer，OVT）又称无源电子式电压互感器，是利用光电子技术和电光调制原理来实现电压测量。它利用了光纤的优良物理特性，使一次侧和二次侧只有光的联系而没有电的联系，便于数字化。

原理上，OVT 分为基于泡克耳斯（Pockels）电光效应的电压互感器和基于逆压电效应的电压互感器两种。

2.3.1　基于 Pockels 电光效应的 OVT

泡克耳斯效应（Pockels Effect）是指光介质在恒定或交变电场下产生光的双折射效应，这是一种线性电光效应，其折射率的变化和所加电场的大小成正比。但这种效应只存在缺少反演对称性的晶体中，例如铌酸锂（$LiNbO_3$）、钽酸锂（$LiTaO_3$）、硼酸钡（BBO）和砷化镓（GaAs）等，或存在其他非中心对称的介质，例如电场极化高分子和玻璃中。

锗酸铋（$Bi_4Ge_3O_{12}$，BGO）是一种具有 Pockels 线性电光效应，又无自然双折射、无旋光性和无热释电效应的理想电压敏感材料，因此 OVT 一般采用 BGO 作为电光晶体，如图 2-6 所示。

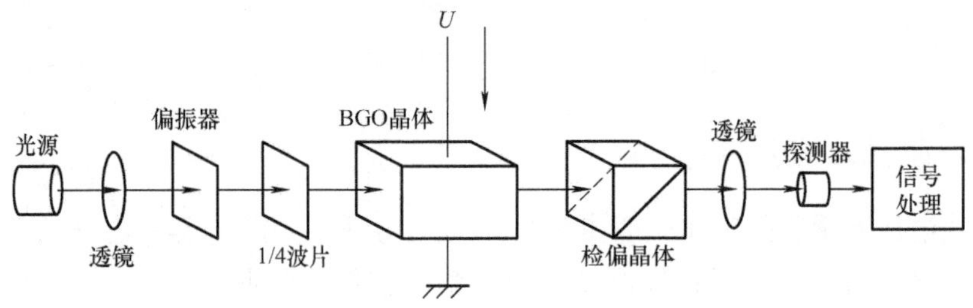

图 2-6　基于 Pockels 效应的光学电压互感器工作原理

电光晶体在没有外加电场作用时是各向同性的，光通过时不会发生双折射。当有电场作用时，晶体变为各向异性的双轴晶体，从而导致其折射率和通过晶体的光偏振态发生变化，产生双折射，一束光分为两束偏振方向互相垂直的线偏振光，两束光的相速不同，因此通过晶体后会产生相位差。

若外加电场沿折射率椭球的垂直方向，当光通过长度为 l 的晶体时，出射的两束线偏振光产生了相位差，相位差为

$$\Delta\varphi = \frac{2\pi}{\lambda} n^3 \gamma_e \frac{l}{d} U \tag{2-1}$$

式中，λ 为光波波长；n 为晶体折射率；l 为晶体通光方向的长度；d 为晶体厚度；γ_e 为晶体材料的电光系数；U 为待测电压。

定义能使出射的两束光相位差为180°的电压为半波电压U_π，即

$$U_\pi = \frac{\lambda}{2n^3\gamma_e} \frac{d}{l} \tag{2-2}$$

则

$$\Delta\varphi = \pi \frac{U}{U_\pi} \tag{2-3}$$

所以，只要测出相位差 $\Delta\varphi$，就可测出被测电压 U 的大小。通常将相位差 $\Delta\varphi$ 转变为传输光强的变化进行测量。这就是基于 Pockels 电光效应的光纤电压互感器的基本原理。

2.3.2　基于逆压电效应的 OVT

当压电晶体受到外加电场作用时，晶体除了产生极化现象外，同时形状也产生微小变化即产生应变，这种现象称为逆压电效应。利用逆压电效应引起晶体形变转化为光信号的调制并检测光信号，则可实现电场（或电压）的光学传感。

基于逆压电效应的全光纤电子电压互感器的基本结构图如图2-7 所示，图中的坐标为石英晶体的晶轴方向。系统由光源、检测、光纤引线和传感头等部分组成，传感头部分处于现场高电压环境，采用石英晶体作为敏感器件，晶体圆柱表面缠绕椭圆芯双模光纤。

当沿圆柱形石英晶体的 X 轴方向施加交变的电压时，就会在 Y 轴方向产生交变的压电应变，从而使圆柱石英晶体的周长发生变化。这个压电形变由缠绕在石英晶体表面的椭圆芯的双模光纤感知，反映为光纤的两种空间模式（即 LP01 和 LP11）在传播中形成的光学相位差，即

$$\Delta\varphi = -\pi N d_{11} E_x l_t / \Delta l_{2\pi} \tag{2-4}$$

式中，N 为光纤的匝数；$\Delta l_{2\pi}$为产生 2π 相位差的光纤的长度变化；E_x 为沿 X 轴方向的电场强度；l_t 为缠绕在石英晶体上的光纤长度；d_{11}为压电系数。

$\Delta\varphi$ 正比于被测电场或电压，因此只要测出 $\Delta\varphi$ 就可以得到被测电场或电压。$\Delta\varphi$ 通常采用间接测量的方法来测量，如相关干涉法。

OVT 实现的技术关键是如何提高 OVT 的温度稳定性、长期运行的可靠性以及测量

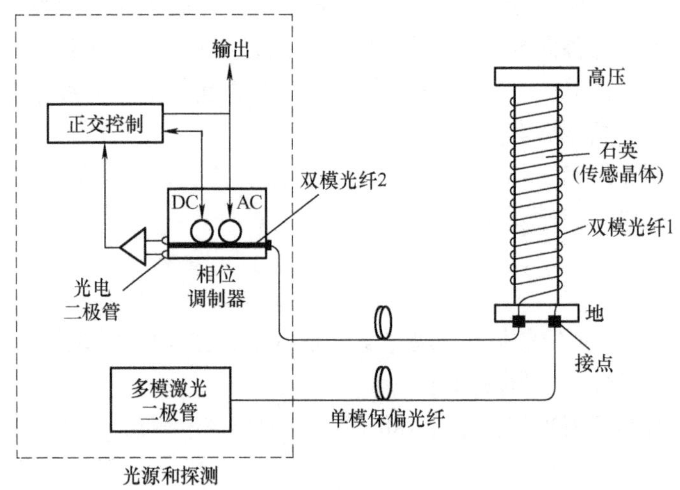

图 2-7　基于逆压电效应的全光纤电子电压互感器的基本结构图

的精度。影响 OVT 的稳定性与可靠性主要取决于传感晶体和工作光源的温度特性，以及传感头的加工和传感光纤的振动。

解决方法是从光学晶体及相关光学元器件、光路系统的构成及黏结工艺、互感器的结构、绝缘结构、隔热材料与隔热措施、温度补偿方法等各方面进行改进，根据可靠性原理对 OVT 系统进行可靠性设计与分析，提高其运行的可靠性，稳定性。

2.4　电子式电流互感器

2.4.1　电子式电流互感器工作原理

电子式电流互感器（Electronic Current Transformer，ECT）又称有源式电子式电流互感器，其结构如图 2-8 所示，其主要由以下四部分组成：

1）一次互感器：位于高压侧，包括一个低功率线圈（LPCT）、两个罗戈夫斯基（罗氏）线圈、一个高压电流取能线圈。低功率线圈用于传感测量级电流信号，罗戈夫斯基（罗氏）线圈用于传感保护级电流信号，取能线圈用于从一次电流获取电能供远端电子模块工作。

2）远端电子模块：也称一次转换器，远端电子模块接收并处理低功率 CT 及罗氏线圈的输出信号，远端电子模块的输出为串行数字光信号。远端电子模块的工作电源由合并单元内的激光器或高压电流取能线圈提供，当一次电流小于 20A 时，远端模块的工作电源由激光器提供，当一次电流大于 20A 时，远端模块的工作电源由高压电流取能线圈提供，两种供电方式可实现无缝切换。

3）光纤绝缘子：内嵌光纤的实心支柱式复合绝缘子。绝缘子内嵌 8 根 62.5/125μm 的多模光纤，实际使用 4 根光纤（两根传输激光，两根传输数字信号），另外 4 根光纤备用。光纤绝缘子高压端光纤以 ST 头与远端模块对接，低压端光纤以熔接的方

式与传输信号的光缆对接。

4）合并单元：一方面为远端模块提供供能激光；另一方面接收并处理三相电流互感器及三相电压互感器远端模块下发的数据，对三相电流电压信号进行同步，并将测量数据按规定的协议（IEC60044—8 或 IEC61850—9—1/2）输出供二次设备使用。

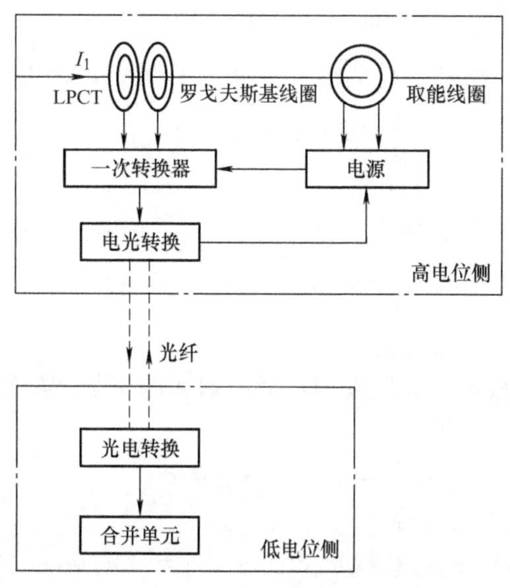

图 2-8　有源式电子式电流互感器结构图

采集器的设计直接关系到互感器采样数据的精度及可靠性，是整个系统的核心部件之一。有源电子式电流互感器的传感头一般采用罗氏线圈。罗氏线圈实质上是将一组导线线圈缠绕在一个非磁性骨架上，线圈两端接上采样电阻，其结构如图 2-9 所示。

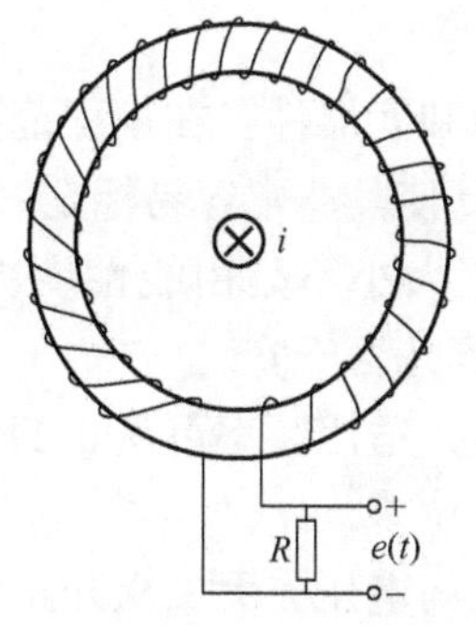

图 2-9　罗氏空心线圈结构图

由于这种线圈本身并不与被测电流回路存在直接电的联系，因此它与电气回路有良好的电气绝缘。罗氏线圈骨架采用非铁磁材料加工而成，使互感器没有磁饱和现象，即使被测电流的直流分量很大，它也不饱和，线性度好。相对于传统的电流互感器，它具有准确度高（误差小于0.1%）、测量范围大（1A～100kA）、通频带宽（0.1Hz～

1MHz）的特点。

罗氏线圈测量电流是依据全电流的电磁感应原理。设骨架的横截面积为A，骨架内半径为r_1，外半径为r_2，平均半径为R，线圈匝数为N，载流导体待测电流为$i_1(t)$，从线圈中心穿过，线圈感应电流为$i_2(t)$。由安培环路定理，沿线圈骨架取一个环形回路L，回路半径r满足$r_1<r<r_2$。则有

$$\int \boldsymbol{B}\cdot \mathrm{d}\boldsymbol{l} = \mu_0 \sum I = \mu_0 [i_1(t) - N i_2(t)] \tag{2-5}$$

通常线圈感应电流远远小于待测电流，即$i_2(t) \ll i_1(t)$，可得

$$\int \boldsymbol{B}\cdot \mathrm{d}\boldsymbol{l} = \mu_0 i_1(t) \tag{2-6}$$

式中，μ_0为真空磁导率。

由电磁感应定律，当载流导体流过交变电流时，线圈感应的电动势为

$$e(t) = -\mathrm{d}\varphi/\mathrm{d}t = -\mathrm{d}(\int \boldsymbol{B}\cdot \mathrm{d}\boldsymbol{S})/\mathrm{d}t \tag{2-7}$$

式中，$\boldsymbol{S}$为线圈一匝所包围的面积。

考虑线圈为一理想模型，即假设圆环截面积A为常数及线圈绕线均匀、导线无限细，相邻线匝无限接近，可推得

$$e(t) = -NA\mathrm{d}\boldsymbol{B}/\mathrm{d}t \tag{2-8}$$

由式(2-7）和式(2-8）可得

$$e(t) = (-\mu_0 AN/l_c)[\mathrm{d}i_1(t)/\mathrm{d}t] = -M[\mathrm{d}i_1(t)/\mathrm{d}t] \tag{2-9}$$

式中，A为线圈圆环截面积；N为线圈总匝数。

因此$e(t)$与$i_1(t)$为微分关系，求待测电流$i_1(t)$只需通过电路对$e(t)$求积分即可。如果线圈的输出和一个积分器连接，则积分器的输出就和所要测量的电流成正比。

2.4.2 电子式电流互感器工作特性

根据罗氏线圈测量电流的基本原理，与传统电磁式互感器相比，该类电流互感器的主要特点如下：

1）线性度好：线圈不含磁饱和元器件；在量程范围内，系统的输出信号与待测电流信号一直是线性的，线性度好，使其非常容易标定。

2）测量范围大：系统的量程大小不是由线性度决定的，而是取决于最大击穿电压。测量交流电流量程从几毫安到几百千安。

3）响应速度快：频响范围宽，适用频率可从0.1Hz～1MHz。

4）一次侧和二次侧电流无相位差。

5）互感器二次开路不会产生高电压，无二次开路危险。

2.5 光学电流互感器

2.5.1 光学电流互感器工作原理

光学电流互感器（Optical Current Transformer，OCT）为无源式电子式电流互感器，

其结构如图 2-10 所示。与有源式电子式电流互感器相比，主要区别在于一次互感器的互感原理，其高压部分均为光学元器件而不采用任何有源元器件。

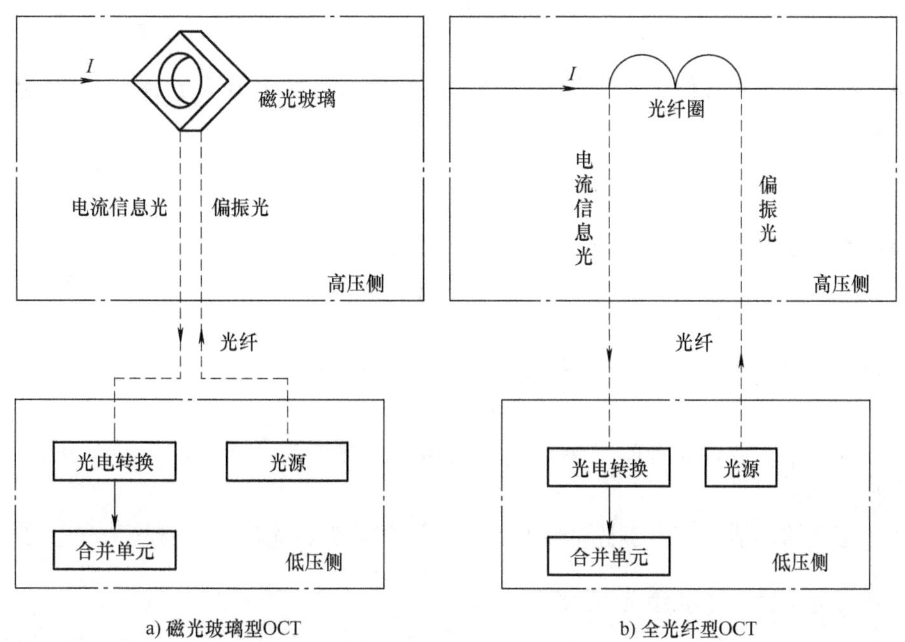

图 2-10　无源式电子式电流互感器结构图

磁光玻璃型 OCT 中光源经调制与极化变成偏振光，通过光纤引入到具有法拉第效应的磁光玻璃中，光在其内多次反射并被电流产生的同方向磁场调制，再通过另一条光纤输入到光电探测器中，经信号处理后完成电流的探测。

全光纤型 OCT 中传感和信号传输部分均采用光纤，利用光纤作为磁光材料，其中光纤一般选用单模光纤，基于赛格耐克（Sagnac）效应，光纤被缠绕在被测电流导线外，光源产生的激光通过起偏器变成线性偏振光，然后进入光纤，线性偏振光经过光纤线圈后再经过检偏器分析，然后由光检测器检测偏转角，即可换算出电流。

光学电流互感器基本原理是法拉第磁光效应。一束线偏振光通过置于磁场中的磁光材料时，线偏振光的偏振面会随着平行于光线方向的磁场的大小发生旋转，如图 2-11 所示。

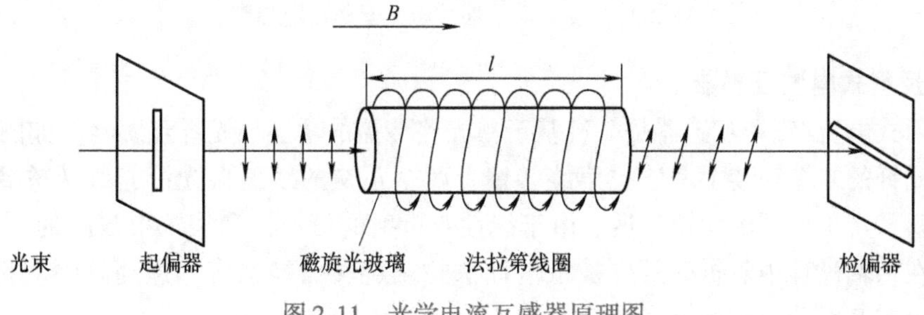

图 2-11　光学电流互感器原理图

设法拉第材料的长度为 l，沿长度方向施加的外磁场强度为 H，则线偏振光通过它后偏振方向旋转的角度为

$$\theta = V_d l H \tag{2-10}$$

式中，V_d 为费尔德常数。

将光纤绕在被测导线上，设圈数为 N，导线中通过的电流为 I，由安培环路定律，距导线轴心为 R 处的磁场为

$$H = \frac{I}{2\pi R} \tag{2-11}$$

由以上两式可得偏转角，即

$$\theta = V_d \frac{l}{2\pi R} I \tag{2-12}$$

绕在导线上的光纤长度 $l = 2\pi RN$，代入式(2-12）得

$$\theta = V_d NI \tag{2-13}$$

由上式可知，通过光纤的光偏振面偏转角与被测电流及光纤的匝数成正比，与光纤圈半径大小无关。

由于探测器不能直接检测光的偏振态，需要将光偏振态的变化转换为光强度信号。

2.5.2 光学电流互感器光路结构

光学电流互感器的光路结构主要有两种，分别是 Sagnac 干涉式和反射式。

1. Sagnac 干涉式电流互感器

Sagnac 光纤干涉仪最早用于光纤陀螺仪技术，该类电流互感器是一种建立在Sagnac 效应基础上的环形双光束干涉仪，如图 2-12 所示，在闭合光路中从同一光源发出的两束具有相同偏振态的光，经相反方向传播后，汇至同一点发生干涉。光纤传感线圈中的圆偏振光在外界大电流所引起的磁场作用下，使得两束光的相移发生变化，通过对光信号进行解调即可得到电流的大小。

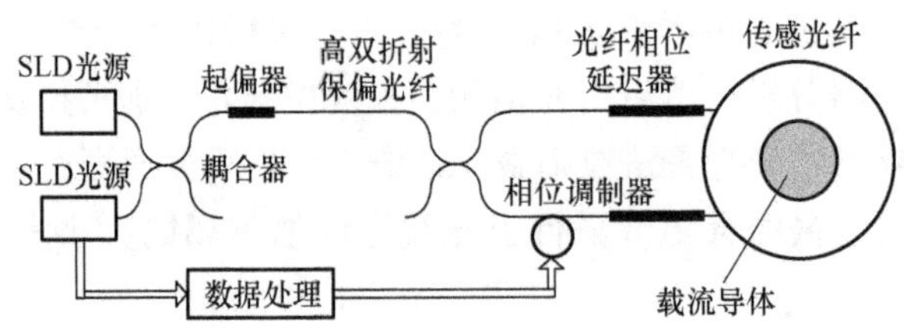

图 2-12　Sagnac 干涉式电流互感器原理图

2. 反射式电流互感器

反射式电流/磁场互感器是一种基于单光路传播的功能型光纤互感器。如图 2-13 所示，在光纤的末端安装 1 个法拉第旋转镜，两个正交的线偏振光沿光纤传输到达反射镜被反射，产生相同的相位延迟。由于线性双折射的可逆性和法拉第效应的不可逆性，反向光在传输过程中双折射效应被抵消而法拉第旋转角被加倍，达到消除双折射的目的，同时使互感器灵敏度提高 1 倍。

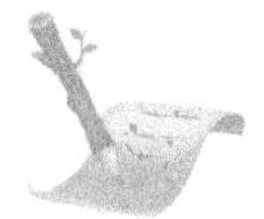

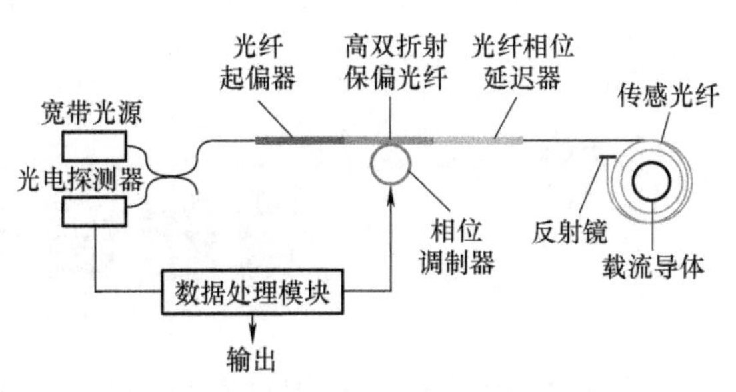

图 2-13　反射式电流互感器原理图

与 Sagnac 式光纤电流互感器不同，反射式结构充分利用共光路设计的特点，极大地降低了光纤对外界振动因素的敏感度，能够有效避免陀螺效应。此外，由于光纤环末端自由，因此能够方便的安装在待测电流装置上，使得测量过程方便灵活。

第3章 微弱信号检测

在电气测试的研究和工程实践中，经常会遇到需要检测幅值很小（毫微伏量级）的信号问题，比如局部放电、生物电信号等测量。由于外界干扰、传感器本身的噪声和测量仪表噪声的影响，有用信号被大量干扰和噪声所淹没。这些问题都归结为噪声中微弱信号的检测。微弱信号检测技术分析噪声产生的原因和规律，研究被测信号的特点和相关性，检测被背景噪声淹没的微弱有用信号。

3.1 基本概念

3.1.1 微弱信号

微弱信号指的是微弱物理量，如弱磁、弱光、小位移、微振动等，一般通过相应传感器将其转换为微电压或微电流等电量。

3.1.2 干扰和噪声

干扰是指可以消除或减小的测试系统外部扰动，如 50Hz 工频干扰、电视信号、宇宙射线等。这些外部干扰可以通过屏蔽、滤波、接地和隔离等抗干扰措施来进行抑制。

噪声是指由于材料或者器件的物理原因所产生的扰动，如电阻内的热噪声、晶体管内的散粒噪声等。由大量的短尖脉冲组成，其幅值和相位都是随机的，大多属于随机噪声。当噪声频谱高于或低于测量信号频谱时，可以用模拟滤波把信号提取出来。

通常的抗干扰措施可以抑制测试系统外部干扰，但对系统内部噪声却无能为力。如果信号和噪声频谱相互重叠，那么此时模拟滤波技术不再适用。

3.1.3 信噪比与信噪改善比

信噪比（SNR）为信号功率与噪声功率之比。微弱信号检测的关键就是提高信噪比。

信噪比为

$$\mathrm{SNR}=\frac{S}{N} \tag{3-1}$$

其中，S 表示信号功率，N 表示信号中含有的噪声功率。

信噪改善比（SNIR）为输出端信噪比与输入端信噪比的比值，SNIR 越高，测量系统检测微弱信号的能力越强。

信噪改善比为

$$\mathrm{SNIR}=\frac{S_i/N_i}{S_o/N_o} \tag{3-2}$$

3.1.4　微弱信号检测

微弱信号检测的目的是检测出被背景噪声淹没的微弱信号，其标志是检测灵敏度提高，指标为信噪比得到改善。

微弱信号检测方法主要是通过分析电路中噪声产生的原因和规律、噪声和干扰的抑制方法、被测信号和噪声的统计特征及差别，以及各种信号处理方法，来检测出被背景噪声淹没的微弱信号，从而使得测量精度得到大幅度提高。

微弱信号检测主要有以下两类途径，一种是研制特殊器件，如低噪声放大器；另一种是研究各种手段提取信号。本章主要介绍信号提取方法，包括频域微弱信号检测——锁定放大，时域微弱信号检测——取样积分法和数字式平均。

3.2　频域微弱信号检测——锁定放大

3.2.1　锁定放大器

传统的微弱信号检测方法是通过压缩带宽来改善信噪比。

设 $x(t)$ 是伴有噪声的周期信号，即

$$x(t)=S(t)+N(t)=A\sin(\omega_0 t+\varphi)+N(t) \tag{3-3}$$

式中，$S(t)$ 为有用信号，其幅值为 A，角频率为 ω_0，初相角为 φ；$N(t)$ 为随机噪声。

由于信号的信噪比 SNR 可表示为

$$\mathrm{SNR}=\frac{S(t)}{N(t)} \tag{3-4}$$

在弱信号检测领域，$S(t)$ 往往很小，而伴随的噪声很大，即信噪比 SNR 很小。

为了从噪声中辨认有用信号，常采用带通滤波器（Band Pass Filter，BPF）和选通放大器。BPF 中心频率为 ω_0，尽量压缩带宽使 $Q(Q=\omega_0/\Delta\omega)$ 值提高，使大量通带两侧的噪声得到抑制。然而，想要压窄带宽是极其困难的。

如常见的热噪声 $U_t=\sqrt{4kTR\Delta f}$，根据不同的带宽，可得到如下噪声电压：

当 $\Delta f=2.5\mathrm{Hz}$ 时，$U_{pp}=11.9\mathrm{mV}$；

当 $\Delta f=0.25\mathrm{Hz}$ 时，$U_{pp}=3.5\mathrm{mV}$；

当 $\Delta f=0.025\mathrm{Hz}$ 时，$U_{pp}=1.1\mathrm{mV}$。

若信号频率 $f_0=25\mathrm{kHz}$，要设计带宽 $\Delta f=0.025\mathrm{Hz}$，则 $Q=10^6$。即使 Q 可达 10^6，但 BPF 中心频率要达到 10^{-6}稳定度也不现实，因为温度、电压的波动均会导致滤波器的中心频率发生变化，从而导致其通频带不能覆盖信号频率，使得测量系统无法稳定可靠地进行测量。

由于传统方法无法实现，一种新研究思路被提出。这就是锁定放大器（Locked-in Amplifier，LIA）。当被测信号大小不因频率搬迁而变化，即中心频率降低而信号幅度不

变时，将输入信号频率搬迁到直流附近的低频，但高于 $1/f$ 噪声区域。设计低频区域的带通滤波器 BPF，要求其带宽很窄。并且要求 BPF 不仅能跟踪信号频率，而且能锁定信号相位。那么，噪声要同时符合同频又同相的可能性大为减少，从而大幅度提升信噪比，最大限度地检测出被噪声淹没的有用信号。

锁定放大原理框图如图 3-1 所示，其结构由相敏检波器（PSD）和低通滤波器（LPF）组成。

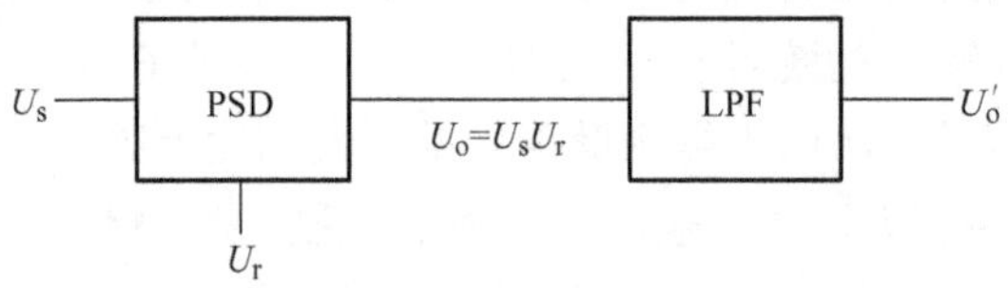

图 3-1　锁定放大原理框图

输入信号为

$$U_s = E_s\cos(2\pi f_1 t + \varphi_1) \tag{3-5}$$

参考信号为

$$U_r = E_r\cos(2\pi f_2 t + \varphi_2) \tag{3-6}$$

PSD 输出信号可表示为

$$U_o = U_sU_r = \frac{E_sE_r}{2}\cos[2\pi(f_1 - f_2)t + (\varphi_1 - \varphi_2)] + \frac{E_sE_r}{2}\cos[2\pi(f_1 + f_2)t + (\varphi_1 + \varphi_2)] \tag{3-7}$$

式(3-7) 表明：相敏检波器输出为两部分，前项为输入信号与参考信号的差频分量，后项为和频分量。

当被测有用信号和参考信号同步，即 $f_1 = f_2$ 时，差频为 0，这时差频分量变成直流电压分量，而和频成为倍频。其物理意义表示信号经过相敏检波后，信号的频谱相对频率轴作了相对位移，即由原来以 f_1 为中心的频谱迁移至以直流（$f = f_1 - f_2 = 0$）和倍频（$f = f_1 + f_2 = 2f_1$）为中心的两个频谱，如图 3-2 所示。

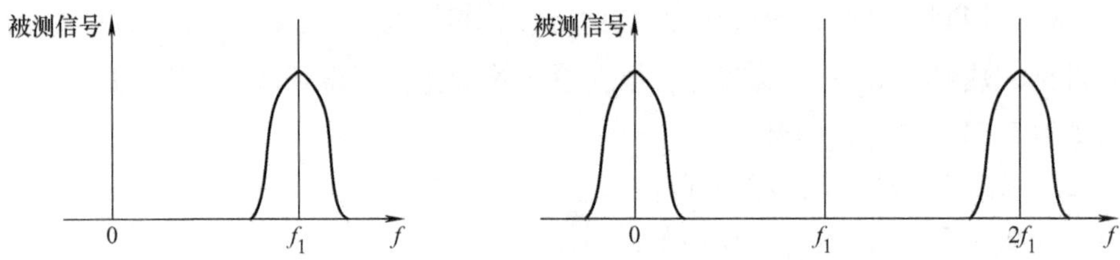

图 3-2　相敏检波的频谱迁移

相敏检波后接低通滤波器，滤除倍频分量，从而使输出 U_o' 为

$$U_o' = \frac{E_sE_r}{2}\cos[2\pi(f_1 - f_2)t + (\varphi_1 - \varphi_2)] \tag{3-8}$$

由式(3-8) 和低通滤波器的特性可知：

1）若 $\Delta f=f_1-f_2\neq0$，但小于 LPF 的通带，则输出信号 U_o'为交流信号且正比于被测有用信号的幅值。

2）若 $\Delta f=f_1-f_2=0$，但 $\varphi_1-\varphi_2\neq0$，则输出信号 U_o'为直流信号且正比于 $E_s\cos(\varphi_1-\varphi_2)$，显然 U_o'大小与相位有关。

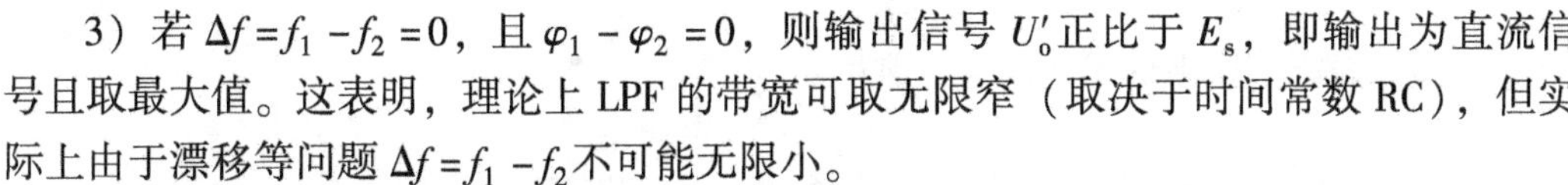

3）若 $\Delta f=f_1-f_2=0$，且 $\varphi_1-\varphi_2=0$，则输出信号 U_o'正比于 E_s，即输出为直流信号且取最大值。这表明，理论上 LPF 的带宽可取无限窄（取决于时间常数 RC），但实际上由于漂移等问题 $\Delta f=f_1-f_2$不可能无限小。

在实际电路中，常采用正负半周 1∶1 对称方波作为参考信号，使相敏检波器处于开关状态，称为开关型相敏检波器。为简化起见，取 $E_r=1$，将方波展开为傅里叶级数形式，可得参考信号为

$$U_r=\frac{4}{\pi}\sum_{n=0}^{\infty}\frac{1}{2n+1}\sin[(2n+1)(2\pi f_2t+\varphi_2)] \tag{3-9}$$

则 PSD 输出信号可表示为

$$U_o=\sum_{n=0}^{\infty}\frac{2E_s}{(2n+1)\pi}\cos\{2\pi[f_1\pm(2n+1)f_2]t+[\varphi_1\pm(2n+1)\varphi_2]\} \tag{3-10}$$

上式表明，输出包括方波基频 f_2的全部奇次谐波频率与信号频率的和频与差频分量，如 f_1+f_2，f_1+3f_2，f_1+5f_2，…，f_1-f_2，f_1-3f_2，f_1-5f_2。因此，开关型相敏检波器对任何一个奇次谐波都产生一个相敏输出，称为相敏检波器的谐波响应。用方波作参考信号改善了非线性和动态储备，但引入了奇次谐波响应，这是我们不希望的。

式(3-10) 中，$n\geqslant1$ 的各项均为高频成分，被 LPF 滤除，只剩下 $n=0$ 信号项能被检测，那么最终的输出信号可表示为

$$U_o'=\frac{2}{\pi}E_s\cos(\Delta\omega t+\varphi) \tag{3-11}$$

锁定放大器可等效为一中心频率可变的频带极窄的梳状滤波器。它只允许信号中的基波及各奇次谐波通过，滤除其他频率的信号和噪声。梳状滤波器的等效 Q 值高达 10^8，几乎能抑制噪声。

3.2.2 锁定放大器原理

基于噪声与噪声、噪声与信号均不相关，而信号与信号则完全相关这一特性，通过电路完成信号与参考信号的互相关运算，将强噪声中的信号幅值和相位信息检测出来。

1. 自相关检测

设被测信号 $x(t)$ 由有用信号 $s(t)$ 和噪声 $n(t)$ 组成。

对两个信号，定义相关函数如下：

互相关 R_{xy}函数为

$$R_{xy}(\tau)=\lim_{T\to\infty}\frac{1}{T}\int_{-T/2}^{T/2}x(t)y(t-\tau)\mathrm{d}t \tag{3-12}$$

互相关 R_{yx}函数为

$$R_{yx}(\tau) = \lim_{T\to\infty}\frac{1}{T}\int_{-T/2}^{T/2} y(t)x(t-\tau)\mathrm{d}t \tag{3-13}$$

自相关函数为

$$R(\tau) = \lim_{T\to\infty}\frac{1}{T}\int_{-T/2}^{T/2} x(t)x(t-\tau)\mathrm{d}t \tag{3-14}$$

自相关检测的原理框图如图 3-3 所示。

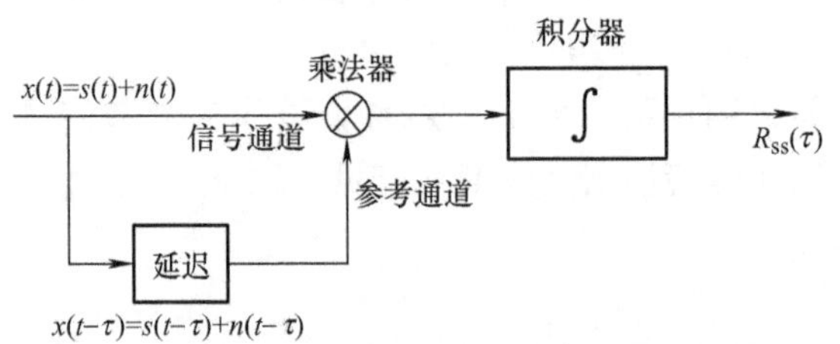

图 3-3　自相关检测原理框图

根据图示的功能器件和互相关函数的性质，由于有用信号 $s(t)$ 与噪声 $n(t)$ 不相关，得到 $s(t)$ 和 $n(t)$ 的互相关函数 $R_{sn}(\tau)$、$R_{ns}(\tau)$ 均为零，并且噪声 $n(t)$ 的平均值为零，则有

$$R(\tau) = \frac{1}{T}\int [s(t)+n(t)][s(t-\tau)+n(t-\tau)]\mathrm{d}t = R_{ss}(\tau)+R_{nn}(\tau) \tag{3-15}$$

其中，$R_{ss}(\tau)$ 为 $s(t)$ 的自相关函数，$R_{nn}(\tau)$ 为 $n(t)$ 的自相关函数。随着 τ 的增大，$R_{nn}(\tau)\to 0$，则对充分大的 τ，可得

$$R(\tau) = R_{ss}(\tau) \tag{3-16}$$

有用信号 $s(t)$ 的自相关函数 $R(\tau)$ 包含着 $s(t)$ 所携带的某些信息，这样就把待测信号 $s(t)$ 检测出来了。

2. 互相关检测

互相关检测的原理框图如图 3-4 所示。

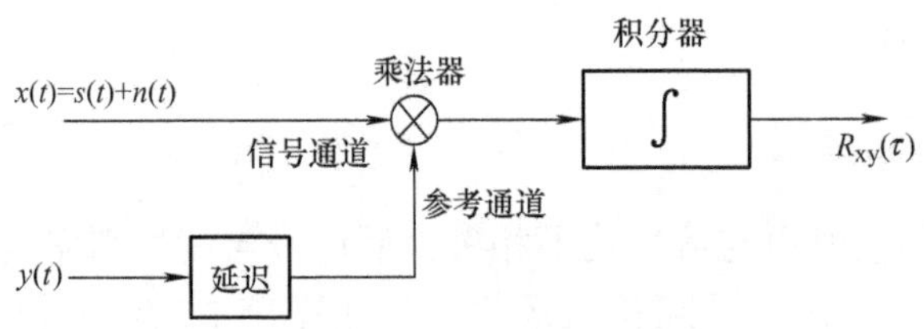

图 3-4　互相关检测原理框图

设 $y(t)$ 为已知参考信号，则输入信号和参考信号的互相关函数 $R_{xy}(\tau)$ 为

$$R_{xy}(\tau) = \lim_{T\to\infty}\frac{1}{T}\int_{-T/2}^{T/2} x(t)y(t-\tau)\mathrm{d}t = R_{sy}(\tau)+R_{ny}(\tau) \tag{3-17}$$

如果参考信号 $y(t)$ 与信号 $s(t)$ 有某种相关性，而 $y(t)$ 与噪声 $n(t)$ 没有相关性，且噪声的平均值为零，则

$$R_{xy}(\tau) = R_{sy}(\tau) \tag{3-18}$$

R_{sy} 中包含了信号 $s(t)$ 所携带的信号，这样就把待测的信号 $s(t)$ 检测出来。

3.2.3　锁定放大器实现

锁定放大器（Locked-in Amplifier，LIA）是利用互相关原理设计的一种同步相关检测仪。锁定放大器包含：信号通道、参考通道、相敏检波、低通滤波，原理框图如图3-5所示。

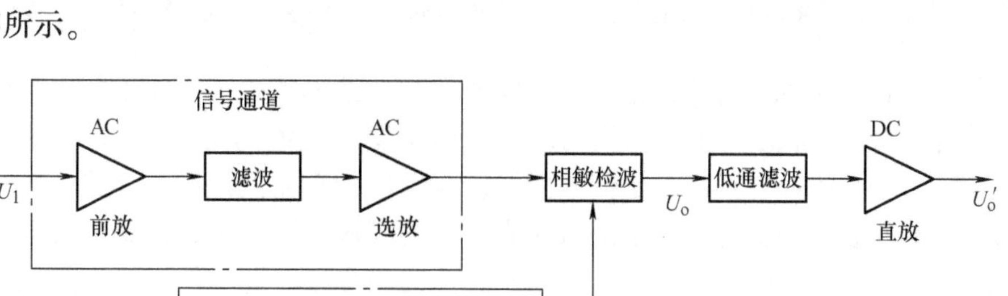

图3-5　锁定放大器原理框图

信号通道的作用是将伴有噪声的信号加以放大，并经滤波或选频放大对噪声做初步预处理，以滤除信号通道以外的噪声。

参考通道的作用是提供一个与输入信号同步的方波或正弦波。

相敏检波的作用是对输入信号和参考信号完成乘法运算，得到输入信号与参考信号的和频与差频信号。

低通滤波器的作用是滤除和频信号成分，这时等效噪声带宽很窄，极强的抑制了输入噪声。

信号经相敏检波和低通滤波，将交流信号转变为直流信号，经直流放大器再进行放大，以满足系统的增益要求。由于锁定放大器将被测信号和参考信号的相位锁定，而噪声要同时符合与被测信号既同频又同相的可能性大为减少，所以锁定放大器只检出与输入信号同频同相的噪声，从而可以提取出深埋在噪声中的微弱信号。

正交型锁定放大器不仅可以测量幅值，同时亦可测量相位，从而实现了矢量的测定。其原理框图如图3-6所示。

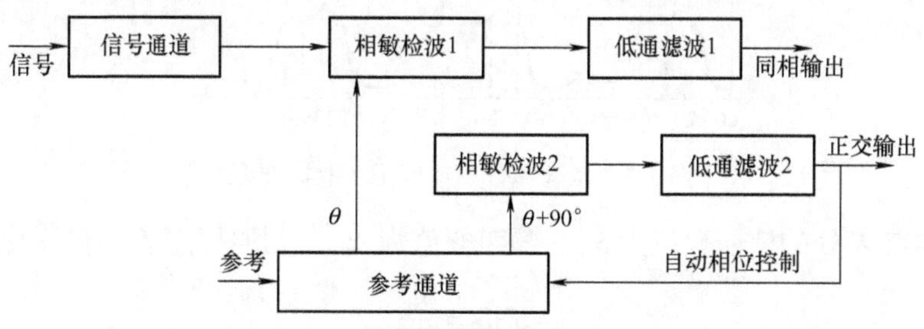

图3-6　正交型锁定放大器原理框图

被测信号经信号通道后，分别送入相敏检波1和2。参考通道则输出2路信号，一路为任意相位θ，另一路则为$\theta+90°$。这2路信号分别作为相敏检波参考输入。则低通

滤波后输出为同相输出 $E_{OI}=E_i\cos\theta=I$ 和正交输出 $E_{OQ}=E_i\sin\theta=Q$，由于$I^2+Q^2=E_i^2$，$\theta=\arctan$（Q/I）。由此可见，正交矢量型锁定放大器不仅可以测量信号幅值，同时也可测相位 θ，从而实现矢量的锁定。

3.3 时域微弱信号检测——取样积分与数字式平均

研究中经常会遇到对淹没在噪声中的周期短脉冲波形的检测，如生物医学中遇到的血流、脑电或心电信号测量、发光物质受激后所发出的荧光波形测量、核磁共振信号测量等。这些信号的共同特点是信号微弱，具有周期重复的短脉冲波形，最短可到 ps 量级。短脉冲波形的上升沿、下降沿含有丰富的高次谐波分量，锁定放大器输出级的低通滤波器会滤除其高频分量，导致脉冲波形的畸变，因此不能由锁定放大器恢复脉冲波形。测量这类信号的有效方法是取样积分与数字式平均。

3.3.1 取样积分原理

在信号周期内将时间分为若干间隔，时间间隔的大小取决于要求恢复信号的精度。对这些时间间隔的信号进行取样，并将各周期中处于相同位置的点进行多次测量，并加以积分或平均。某一时间间隔的信号幅值通过取样方法获得，而信号的平均是通过积分或计算机的数据处理来实现，因此这种方法称为取样积分。

取样积分原理框图及取样波形如图 3-7 所示。取样积分用取样门及积分器对信号逐次取样并进行同步积累，以筛除噪声，从而恢复被噪声淹没的快速时间变化的周期性重复信号的波形。信号平均采用实时多点取样、多周期平均技术提取和复制在噪声中的信号波形。

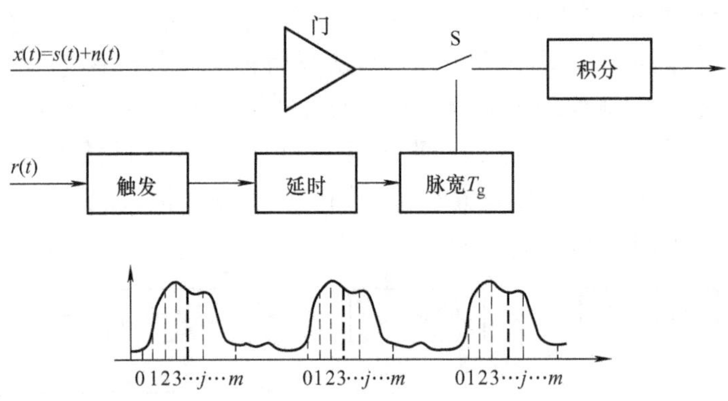

图 3-7 取样积分原理框图及取样波形

若取样点 A 处的信号幅值为 S_{in}，噪声幅值为 N_{in}，则取样点 A 的信噪比为

$$\mathrm{SNR}=\frac{S_{in}}{N_{in}} \tag{3-19}$$

对这一点经过 m 次取样，并加以积累，得输出信号值为

$$S_{out}=mS_{in} \tag{3-20}$$

而噪声值是随机的，时正时负，可取其二次方和积累，即

$$N_{\text{out}}^2 = N_1^2 + N_2^2 + \cdots + N_{\text{m}}^2 = mN_{\text{in}}^2$$

得到输出噪声幅值为

$$N_{\text{out}} = \sqrt{m}N_{\text{in}} \tag{3-21}$$

则输出信噪改善比为

$$\text{SNIR} = \sqrt{m} \tag{3-22}$$

这就是$\sqrt{m}$法则。

需注意的是，取样积分技术只适用于周期信号，必要条件是噪声应具有随机性和信号应具有重复性，且两者互不相干。有规律的信号叠加后幅度提高，平均值就是其准确值；而随机的噪声叠加过程中相互抵消，平均后趋于0，从而提高了其信噪比。

对于非周期的慢变信号，常用调制或斩波方式人为地赋予其一定的周期性，之后再采用取样积分或信号平均处理。

取样积分和信号平均也是相关检测，与锁定放大不同的只是部分相关，即仅在取样门宽T的一段时间内信号与参考信号相关。由于取样门脉宽很窄，其函数包含了基波及奇、偶各次谐波分量，所以其输出也包含了信号中的基波及各次谐波分量，系统输出亦为信号基波及各次谐波处的梳状滤波特性。

取样积分工作方式可以分为单点式和多点式两大类。单点式取样积分器（又称为单点式信号平均器或BOXCAR积分器）对信号每周期取样并积分一次，经过多次取样积分得到该信号的波形或特定点的幅值，采用的是变换取样的工作方式。而多点式取样积分器在每个信号周期对信号取样多次，并利用多个积分器对各点取样分别进行积分。

3.3.2 单点式取样积分

单点式取样又可分为定点式和扫描式。定点式取样是反复采样信号波形上某个特定时刻点的幅度，扫描式取样是将采样点沿着波形从前向后逐次移动，可用于恢复和记录信号波形。

1. 定点式取样积分

定点式取样积分器由信号通道、参考通道和门积分器三部分组成，如图3-8所示。信号通道为宽带低噪声放大器，参考通道提供宽度为T_{g}的门宽和信号同步的取样脉冲，门积分器包括用作乘法器的取样门开关S和对乘法器的结果进行积分和平均的积分器。

图3-8为定点式取样积分器的原理框图及波形，其工作过程如下：被测信号通过触发、整形，产生周期为T的触发脉冲，触发脉冲通过时基发生器产生周期为T_{b}的锯齿波时基电压。通过比较时基电压和定点延时电压得到方波，方波上升沿触发产生取样脉冲，取样位置T_{d}由延时电压决定，门宽T_{g}由门宽控制器决定。门脉冲到来时，取样门接通即开关S闭合，对输入信号的某一瞬时值进行取样，信号被引入积分器并对电容进行充电，电容电压上升。门脉冲结束，取样门断开即开关S断开，积分电容C上的电压保持到下一个门脉冲再次取样。信号经过多次累积，直到输出信号等于被测信号某一瞬时值为止。由$\sqrt{m}$法则可知其采样次数为$N=(\text{SNIR})^2$，输出波形呈阶梯上升。

该方法同样利用了信号的相关性和噪声的随机性，与锁定环放大器不同的是，定

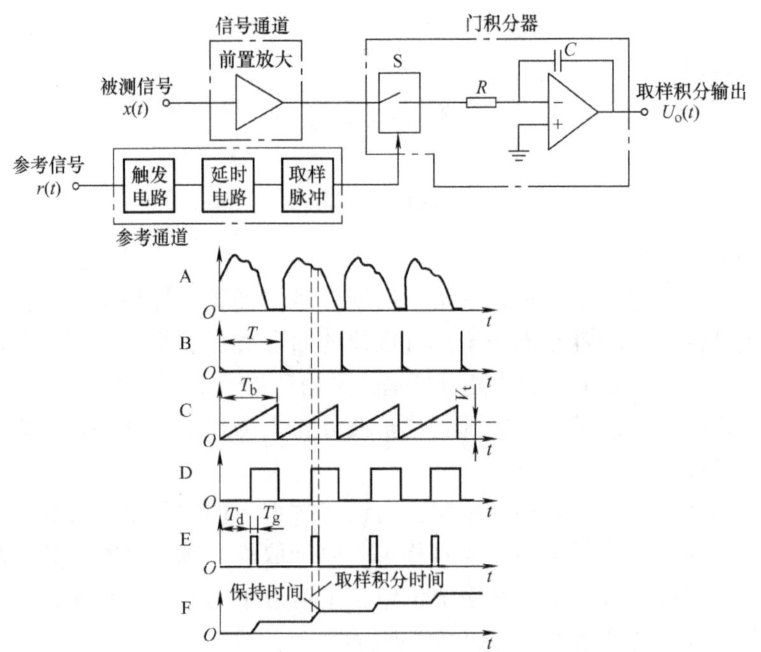

图 3-8　定点式取样积分器原理框图与波形图

A—被测信号波形　B—触发脉冲波形　C—锯齿波时基电压与定点延迟电压波形

D—比较器输出波形　E—取样脉冲波形　F—输出信号波形　V_t—定点延迟电压

点工作方式下的取样积分器测量重复信号任意一点的幅值，而不是基波幅值。

2. 扫描式取样积分

扫描式取样积分器较定点式取样积分器多了一个慢扫描电路，图 3-9 为扫描式取样积分器的原理框图及波形。被测信号、触发电路和时基电路与定点式工作方式相同，慢扫描电压从 0 到时基电压峰值缓慢上升，比较器输出的矩形脉冲宽度随扫描电压的增加而增大，矩形脉冲下降沿触发生成宽度为 T_g，周期为 $T+\Delta t$ 的取样脉冲。

在整个扫描时间 T_S 内，取样点在输入波形上的取样位置从左向右以步进值 Δt 进行移动，其值为

$$\Delta t=\frac{T_B T}{T_S-T_B} \tag{3-23}$$

考虑到 $T_S \gg T_B$，可简化为

$$\Delta t\approx\frac{T_B T}{T_S} \tag{3-24}$$

其中，T_B 的起始点可控、斜率可控，便于选择恢复波形的位置和宽度。

门宽 T_g 每次移动 Δt，对于被测信号的任一点，被采样次数为

$$N=\frac{T_g}{\Delta t} \tag{3-25}$$

经过 N 次取样得到的输出波形形状与输入信号相似，时间上却大大放慢了。整个波形的信噪改善比是以波形上的每个“点”的信噪改善比为基础，在线性平均时，若对波形上每个点进行 N 次采样，则根据 $\sqrt{m}$ 法则，整个波形上的信噪改善比为

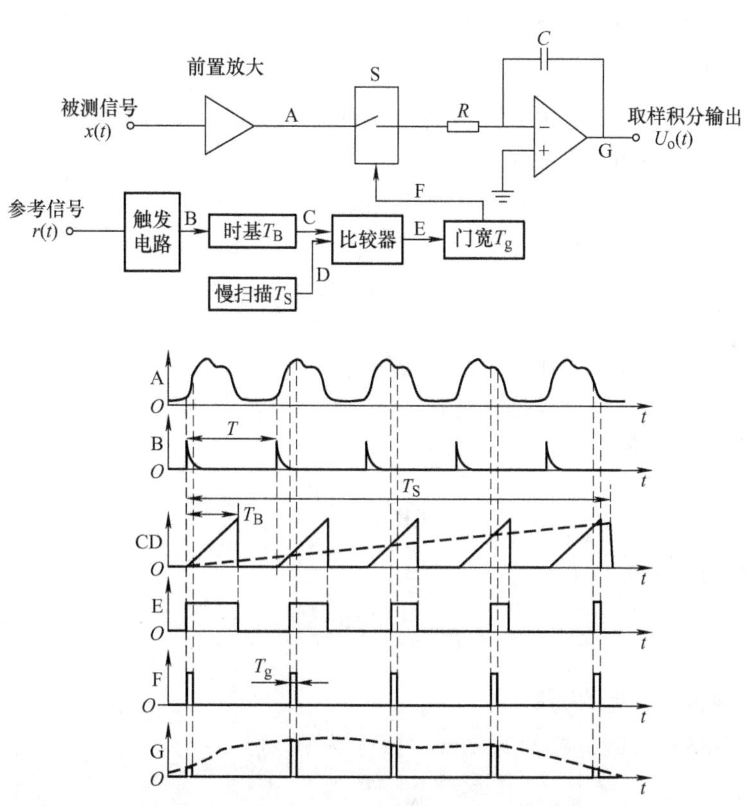

图 3-9 扫描式取样积分器原理框图及波形

A—被测信号波形 B—触发脉冲波形 C—时基锯齿波（TB）

D—慢扫描电压锯齿波（TS） E—延时脉冲

F—取样脉冲 G—取样值及复现波形

$$\mathrm{SNIR}=\sqrt{N}=\sqrt{\frac{T_g}{\Delta t}} \tag{3-26}$$

3. 定点式与扫描式相结合取样积分

该方法将定点式与扫描式结合，综合二者特点。其原理框图如图 3-10 所示。

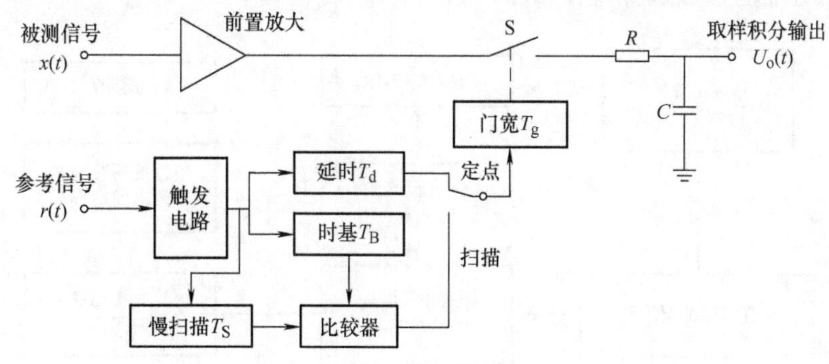

图 3-10 定点式与扫描式相结合取样积分器原理框图

4. 单点式取样积分器参数选择

(1) 门宽 T_g的选择

根据采样定理，T_g不能过大，否则会导致信号失真。设需要恢复的最高频率分量为f_c，令$|H(f_c)|\geqslant 0.707$(−3dB 拐点)，得

$$f_c T_g \leqslant 0.42 \tag{3-27}$$

即

$$T_g \leqslant \frac{0.42}{f_c} \tag{3-28}$$

目前的取样积分器 T_g在 1ns ~ 50ms 范围内可调。

(2) 积分器时间常数 T_C的选择

由积分器信噪改善比公式

$$\mathrm{SNIR} = \sqrt{\frac{2T_C}{T_g}} \tag{3-29}$$

可得积分器时间常数为

$$T_C = \frac{(\mathrm{SNIR})^2 T_g}{2} \tag{3-30}$$

(3) 慢扫描时间 T_S的选择

根据式(3-23) ~ 式(3-25) 得采样次数 N 为

$$N = \frac{T_g T_S}{T_B T} \tag{3-31}$$

为使电容充电充分，须使 $NT_g \geqslant 5T_C$，代入上式，得慢扫描时间 T_S为

$$T_S \geqslant \frac{5T_B T_C T}{T_g^2} \tag{3-32}$$

将式(3-30) 代入式(3-32) 得

$$T_S \geqslant \frac{2.5T_B T(\mathrm{SNIR})^2}{T_g} \tag{3-33}$$

(4) 参数选择流程

取样积分器的参数选择流程如图 3-11 所示。

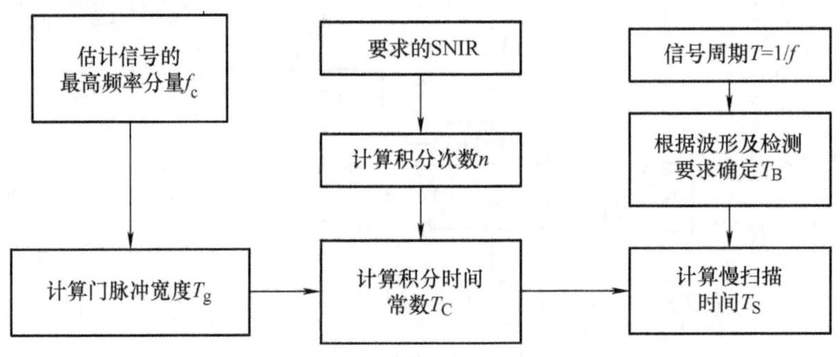

图 3-11　取样积分器参数选择流程图

由式(3-28)可知f_c与T_g成反比，欲恢复信号的频率越高，T_g须越小，然而T_g的降低会使得采样次数N下降，从而降低信号改善比。若通过缩短步进Δt来提高SNIR又会使得扫描时间T_S延长。因此，需要折中考虑来进行参数选择，从而获取所要求的SNIR。

3.3.3 多点式数字平均

1. 数字式平均原理

多点取样积分器又称多点信号平均器，采用实时取样的方式，在信号的一个周期内多次取样，并逐点存储在相应的存储器中，将多个周期的取样结果进行累积平均，得到被测信号的一个周期的全部信息。

多点取样积分器又分为模拟式和数字式，模拟式多点取样积分器由存储电容组成，数字式多点取样积分器是基于计算机的数字存储器。随着数字化技术的发展，多点数字式平均方法得到广泛应用，其原理框图如图3-12所示。

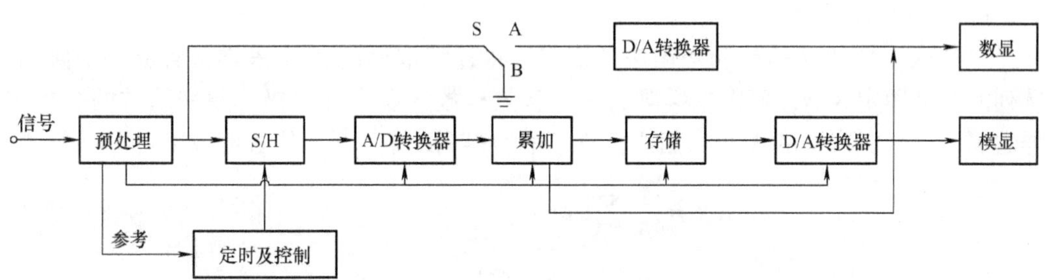

图3-12 多点数字式平均方法实现框图

多点数字式平均的原理如图3-13所示。

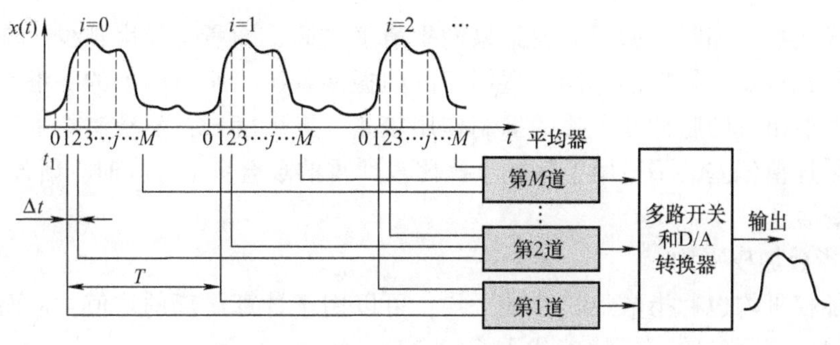

图3-13 多点数字式平均原理图

设输入信号为$x(t)=s(t)+n(t)$，采样道数为$j=1, 2, \cdots, M$，间隔为Δt，重复次数为$i=1, 2, \cdots, N$，则

$$x_{ij}=s_j+n_{ij} \tag{3-34}$$

信号经过第j道取样累积平均后的结果为

$$\overline{x_j}=\frac{1}{N}\sum_{i=0}^{N-1}x(t_j+iT), j=1,2,\cdots,M \tag{3-35}$$

式中，T为取样周期；N为取样重复次数。

多点信号平均器等效于大量工作在定点工作方式下的单点取样积分器，从而提高了检测效率。

2. 数字式平均算法

数字式平均所采用的平均算法主要有线性累加平均、递推式平均、指数加权平均和三点移动平均四种方法，下面来逐一进行介绍。

(1) 线性累加平均

线性累加平均是对输入信号逐次累加后再取其均值的过程，累加平均后的结果为

$$A(N)=\frac{1}{N}\sum_{n=1}^{N}x(n) \tag{3-36}$$

其改善信噪比为

$$\mathrm{SNIR}=\sqrt{N} \tag{3-37}$$

该方法计算简便，但存在计算量过大的问题。

(2) 递推式平均

递推式平均法又称滑动平均法，该方法将连续取得的 N 个采样值看成一个队列，队列的长度固定为 N，每次采样得到一个新数据放入队尾，并扔掉原来队首的一次采样数据，再把队列中的 N 个数据进行算术平均得到结果。其计算过程如下：

$$\begin{aligned}A(N)&=\frac{1}{N}\sum_{n=1}^{N}x(n)\\&=\frac{N-1}{N}\frac{1}{N-1}\sum_{n=1}^{N-1}x(n)+\frac{1}{N}x(N)\\&=\frac{N-1}{N}A(N-1)+\frac{x(N)}{N}\end{aligned} \tag{3-38}$$

当采样次数增加时，所得滤波结果的平滑度越高，即所含噪声越少。该平均方法对周期性干扰有良好的抑制作用，适用于高频振荡系统，所得结果的平滑度较高。然而，其对偶然出现的脉冲性干扰的抑制作用较差，灵敏度低；不易消除由于脉冲干扰所引起的采样值偏差，不适用于脉冲干扰比较严重的场合；N 过大时，新数据作用小，不适于时变信号。

(3) 指数加权平均

指数加权平均也称指数加权移动平均，可以用于计算局部的均值，从而描述数值的变化趋势，用固定数 α 代替 N 代入式(3-38)，得

$$A(N)=\frac{\alpha-1}{\alpha}A(N-1)+\frac{1}{\alpha}x(N) \tag{3-39}$$

令 $\beta=\frac{\alpha-1}{\alpha}$，得平均后的结果为

$$A(N)=\beta A(N-1)+(1-\beta)x(N) \tag{3-40}$$

将上式展开，得到加权后的表达式为

$$A(N)=(1-\beta)\sum_{n=1}^{N}\beta^{N-n}x(n) \tag{3-41}$$

其中，$\beta<1$，但是接近于1，如图3-14所示，对于指数加权平均，N越大，其数值的加权呈指数式递增。

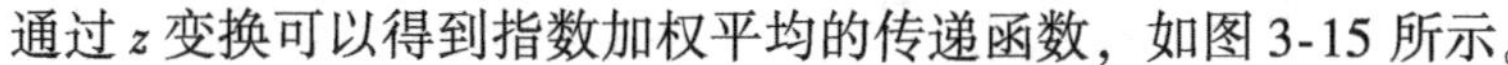

通过z变换可以得到指数加权平均的传递函数，如图3-15所示。

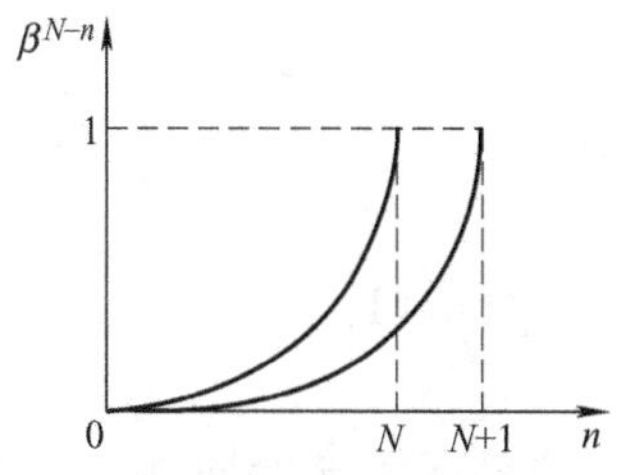

图3-14 采样次数与权重的关系图

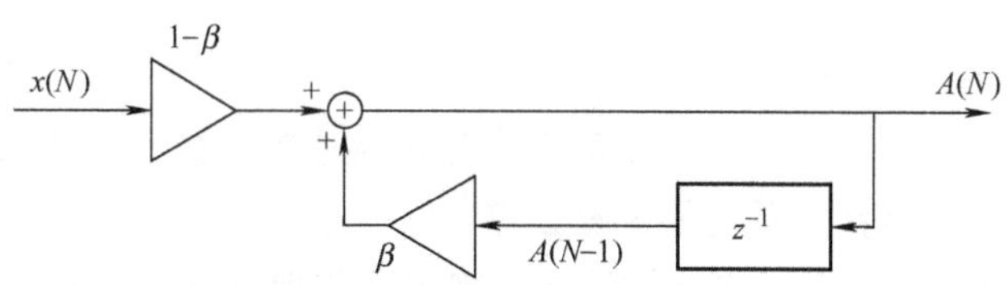

图3-15 指数加权平均传递函数

将式(3-40)做z变换，得

$$A(z)=\beta z^{-1}A(z)+(1-\beta)x(z) \tag{3-42}$$

整理后得到传递函数为

$$H(z)=\frac{A(z)}{x(z)}=\frac{1-\beta}{1-\beta z^{-1}} \tag{3-43}$$

令$z=\mathrm{e}^{\mathrm{j}\omega T}$，得稳态幅频响应为

$$H(\mathrm{e}^{\mathrm{j}\omega T})=\frac{1-\beta}{1-\beta\mathrm{e}^{-\mathrm{j}\omega T}} \tag{3-44}$$

$$|H(\mathrm{e}^{\mathrm{j}\omega T})|=\frac{1-\beta}{\sqrt{1+\beta^2-2\beta\cos\omega T}} \tag{3-45}$$

其幅频曲线如图3-16所示，由$x(k)$到$A(k)$的传输过程为一阶低通的过程，通常包含$1/(1-\beta)$个采样周期，往往适用于时变信号。

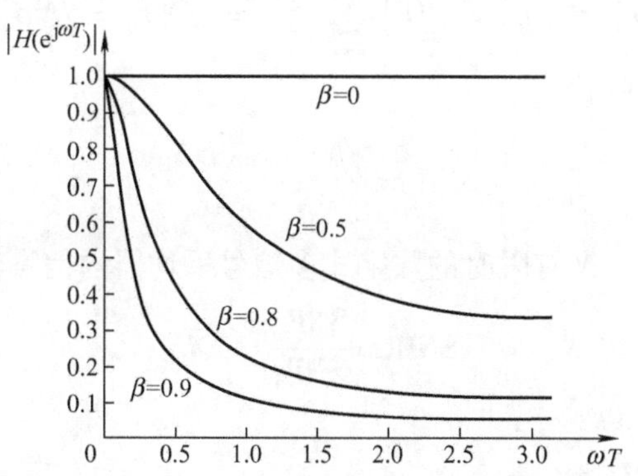

图3-16 指数加权平均的幅频曲线

(4) 三点移动平均

三点移动平均是对采样次数为N，$N-1$，$N+1$的三次采样进行平均的结果，其表达式为

$$A(N)=0.25[x(N-1)+2x(N)+x(N+1)] \tag{3-46}$$

通过做 z 变换，得传递函数为

$$H(z)=\frac{A(z)}{x(z)}=0.25(z^{-1}+2+z) \tag{3-47}$$

其稳态频率响应为

$$\begin{aligned}H(\mathrm{e}^{\mathrm{j}\omega T})&=0.25(2+\mathrm{e}^{-\mathrm{j}\omega T}+\mathrm{e}^{\mathrm{j}\omega T})\\&=0.5(1+\cos\omega T)=\cos^2\frac{\omega T}{2}\end{aligned} \tag{3-48}$$

可见，在 $\omega T\in[0,\ \pi]$ 区间内是单调递减函数，因此该方法具有低通特性。

3. 数字式平均的信噪改善比

对于数字式多点信号平均来说，其信噪改善比根据不同的采样重复次数 N 而有所不同。

（1）对高斯白噪声

设其方均根值为σ_n，则对于单次取样，可得输入端信噪比 $\mathrm{SNR_i}$，被测信号和噪声信号经过 N 次取样累加后得

$$\sum_{i=0}^{N-1}x_{ij}=\sum_{i=0}^{N-1}s_j+\sum_{i=0}^{N-1}n_{ij} \tag{3-49}$$

$$\begin{aligned}\overline{n_{ij}^2}&=E[n_{0j}+n_{1j}+\cdots+n_{(N-1)j}]^2\\&=E[\sum_{i=0}^{N-1}n_{ij}^2]+2E[\sum_{i=0}^{N-2}\sum_{m=i+1}^{N-1}n_{ij}n_{mj}]\end{aligned} \tag{3-50}$$

只要取样间隔 Δt 足够大，则 $n_{ij}(i=1,2,\cdots,N)$互不相关，此时$2E[\sum_{i=0}^{N-2}\sum_{m=i+1}^{N-1}n_{ij}n_{mj}]=0$，因此，输出端噪声信号的方均根值为

$$\sigma_{no}=\sqrt{\overline{n_{ij}^2}}=\sqrt{E[\sum_{i=0}^{N-1}n_{ij}^2]}=\sqrt{N\sigma_n^2}=\sqrt{N}\sigma_n \tag{3-51}$$

代入计算得其输出端信噪比为

$$\mathrm{SNR_o}=\frac{NS_j}{\sqrt{N}\sigma_n}=\frac{\sqrt{N}S_j}{\sigma_n} \tag{3-52}$$

因此，对于高斯白噪声，N 有限时的数字式多信号平均器的信噪改善比为

$$\mathrm{SNIR}=\frac{\mathrm{SNR_o}}{\mathrm{SNR_i}}=\sqrt{N} \tag{3-53}$$

（2）对高斯有色噪声

取样累加后的方均值为

$$E[n_i n_{i+k}]=R_n(k) \tag{3-54}$$

当 $k=0$ 时，有

$$R_n(0)=\sigma_n^2 \tag{3-55}$$

因此，噪声取样累加后的方均值可表示为

$$\overline{n_{ij}^2} = E[n_{0j} + n_{1j} + \cdots + n_{(N-1)j}]^2 = E[\sum_{i=0}^{N-1} n_{ij}^2] + 2E[\sum_{i=0}^{N-2}\sum_{m=i+1}^{N-1} n_{ij}n_{mj}]$$
$$= NR_n(0) + 2\sum_{k=1}^{N-1}(N-k)R_n(k) \tag{3-56}$$

则平均后的方均值为

$$\sigma_{no}^2 = \frac{\overline{n_{ij}^2}}{N^2} = \frac{R_n(0)}{N}\left[1 + \frac{2}{N}\sum_{k=1}^{N-1}(N-k)\rho_n(k)\right] \tag{3-57}$$

其中

$$\rho_n(k) = R_n(k)/R_n(0)$$

那么改善信噪比可表示为

$$\mathrm{SNIR} = \frac{\mathrm{SNR_o}}{\mathrm{SNR_i}} = \frac{S_j/\sigma_n}{S_j/\sigma_{no}} = \frac{\sqrt{N}}{\sqrt{1 + \frac{2}{N}\sum_{k=1}^{N-1}(N-k)\rho_n(k)}} \tag{3-58}$$

3.3.4 单点式取样积分与多点式数字平均的比较

单点式取样，这里以 Boxcar 积分器为例，与数字式多点信号平均器的特点比较见表 3-1。

表 3-1 Boxcar 积分器和数字式多点信号平均器的特点比较

	SNIR	采样效率	频率	保持时间	门宽T_g
Boxcar	$\sqrt{\frac{2T_C}{T_g}}$	$\frac{T_g}{T}\times 100\%$	适用于高频	差（电容）	窄（分辨好）
数字平均	$\sqrt{N}$	100%	适用于低频	好（存储器）	不太窄（分辨差）

由表 3-1 可见，Boxcar 积分器分辨率高，但每个信号周期只采样一次，信号利用率低，低频信号不宜。数字式多点信号平均器每个信号周期采样多次，信号利用率高，数字存储无漂移。

第4章 电气测试系统的通信技术

随着智能传感器与网络技术的发展，电气测试系统信号传输越来越倾向于网络化数字传输，以提高系统的抗干扰性能，同时实现更大范围的信息共享，从而构造分布式网络化测试系统。网络化测试可提高测试效率，并随时随地获取所需信息。但网络化测试需通过网络向各种测试应用系统提供数据服务，通信网络的数据和服务的实时、可靠、安全是网络化测试架构的基础。

4.1 电气测试系统通信网络性能要求

4.1.1 实时性

1. 实时性定义

实时性是电气测试系统通信网络的重要要求，采集数据若不能通过通信网络实时地进行传输，将会导致系统、设备的功能失效或降级。如果一个系统或者一个应用能够恒定满足实时要求，这个系统或者应用就具有了实时性；也就是说，实时响应要求一个系统在任何条件下都能在明确指定的时间内发生响应。

需注意的是，实时性不是一个绝对的概念，它和应用直接相关，不同的应用对实时性具体量值的要求甚至是数量级的差异，如图 4-1 所示。

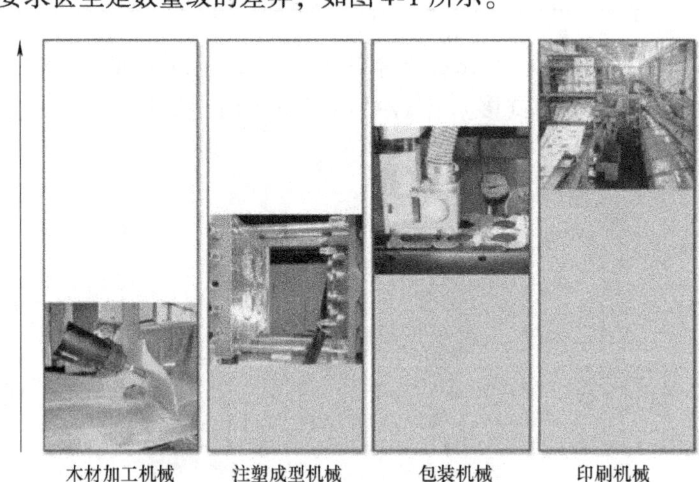

图 4-1　应用对于实时性的不同要求

衡量实时性的标准主要包括

1）响应时间：明确规定的不可以超出的时间上限。

2）吞吐量：单位时间中通过的数据量。

3）抖动：响应时间的变化，相对于一般值的偏差。

4）同步性：动作的同步。

为确保电气测试系统应用的需求和性能，要求信息采用有效的方式在不同单元之间及时地发送与接收。在最坏情况下，报文端对端传递时延必须限定在一定的时间内。所谓端对端传递时延指的是源节点（发送节点）的应用程序发出报文到目的节点（接收节点）的应用程序接收到报文之间的全部延迟。

端对端传递时延的组成主要包括源节点的发送处理时延 t_a、链路时延 t_b 和目的节点的接收处理时延 t_c 等几方面，如图 4-2 所示。

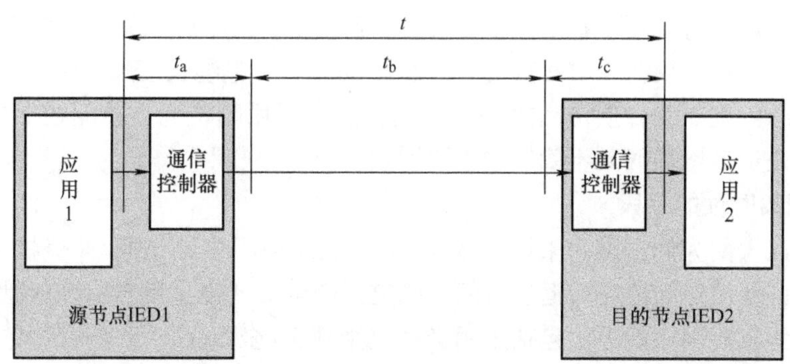

图 4-2　端对端信息传递时延定义

由图 4-2 可得

$$t = t_a + t_b + t_c \tag{4-1}$$

1）发送处理时延 t_a：从源节点（发送节点）发送任务产生应用数据，到报文到达通信控制器开始报文排队所经历的时间，主要包括通信协议栈进行数据分段、协议封装等处理开销。

2）接收处理时延 t_c：从目的节点（接收节点）的通信控制器开始接收报文，到将应用数据提交给目的任务所经历的时间，包括通信协议栈对正确接收的报文进行协议拆封、去除报头、数据重新拼装、通知目的任务报文到达和应用数据拷贝等开销。

t_a、t_c 与通信控制器、所采用的操作系统和通信协议栈的性能有关。设计中采用合适的微处理器、实时操作系统以及高效的协议编码/解码算法，通常能保证 t_a、t_c 时间的确定性。

3）链路时延 t_b：报文到达源节点的网络接口，到最终到达目的节点的网络接口其间所经历的全部延迟，主要包括排队时延 t_{queue}、传输时延 t_{trans} 和传播时延 t_{prop}，因而有

$$t_b = t_{queue} + t_{trans} + t_{prop} \tag{4-2}$$

① 排队时延 t_{queue}：从排队开始到获得传输之间的时延。排队时延主要取决于通信网络的介质访问控制方法。

② 传输时延 t_{trans}：发送节点在传输链路上开始发送报文的第一个位至发送完该报文的最后一个位所需的时间。传输时延取决于报文的长度和数据传输波特率。若记报文长度为 L（单位为 byte），数据传输速率为 baud（单位为 bit/s），则传输时延为

$$t_{trans}=\frac{8L}{baud} \tag{4-3}$$

③ 传播时延 t_{prop}：发送节点在传输链路上发送第一个位时刻至该位到达接收节点的时延。传播时延取决于传输距离和传播速度。若记传输距离为 l（单位为 m），传播速度为 v（单位为 m/s），则传播时延为

$$t_{prop}=\frac{l}{v} \tag{4-4}$$

从链路延迟的组成可以看出，报文长度一旦给定，t_{trans}就可以唯一确定；由于信号传播速度较快，对双绞线介质而言约为光速的58.5%，电缆长度较短时，t_{prop}几乎可以忽略不计；t_{queue}则要受介质访问控制方法约束。对采用随机介质访问控制方法的网络而言，t_{queue}是造成网络时延不确定的主要因素。

2. 实现实时性的手段

以传统以太网为例，因为采用 CSMA/CD（载波侦听多路访问/冲突检测）介质访问控制机制，介质访问冲突后退避时间不确定，产生了“以太网没有实时性”的问题。使以太网成为实时网络的方法包括采用交换式半双工/全双工、设定优先级、流量控制及时间同步。

（1）交换式半双工/全双工　半双工指的是信息可以在两个方向上传输，但是不能在两个方向上同时传输，只能每次向一个方向传输的通信方式。半双工交换式以太网的设备间点对点连接，在每个连接中都存在 CSMA/CD（意味着有很多“冲突域”），如图 4-3 所示。因此，网络用户间的通信就不受其他用户影响了，这时冲突只会发生在每个单独的连接中。

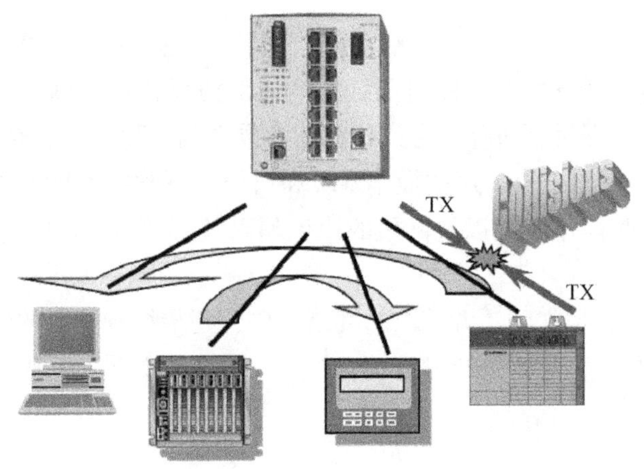

图 4-3　半双工交换式以太网

全双工指的是通信线路两端能够同时接收与发送的工作方式，此时信息能够实现双向独立输送，发送与接收并行工作，互不干扰。全双工交换式以太网的设备间点对点连接，同时发送/接收数据（没有“冲突域”），如图 4-4 所示。因此，网络用户的通信不受其他用户影响并且也没有冲突。

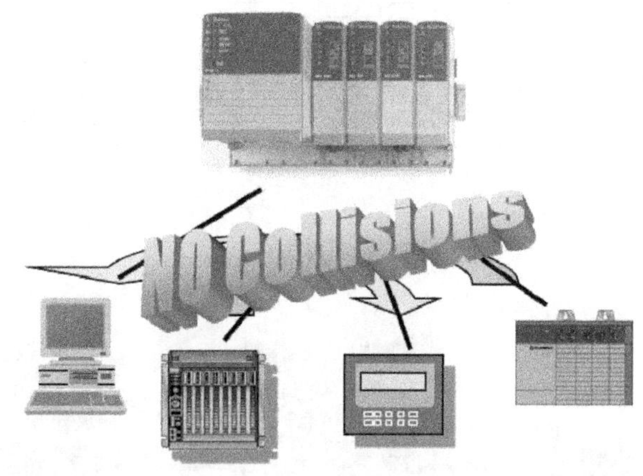

图 4-4　全双工交换式以太网

（2）设定优先级　设定优先级（见图 4-5）即根据实际需求，对不同类型的信息数据设定优先级，对高优先级的数据实行优先传送。

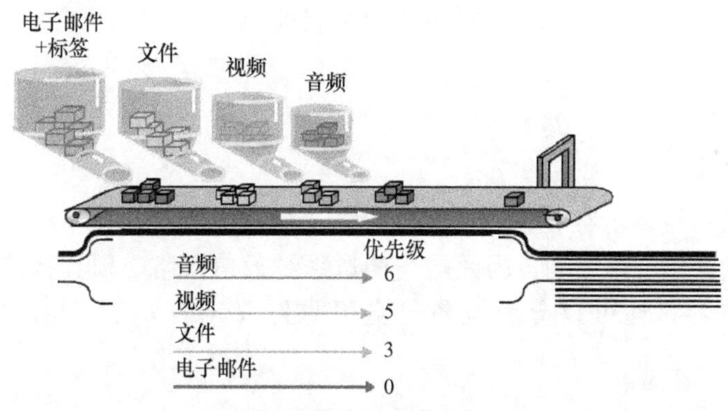

图 4-5　设定优先级

（3）流量控制　当一个信息站点在某一时刻接收的信息超过其缓存与处理能力时，就向其信息输出方发出信号请求停止传送。流量控制即提供了过载保护，在网络负载大时限制多余的流量，如图 4-6 所示。

（4）时间同步　为提升不同通信网络间的时间同步能力，IEEE 标准委员会于 2002 年通过的 IEEE1588 高精度时间同步协议，其同步模型基于“主从”模型（见图 4-7），时间同步精度可以达到亚微秒级，有效解决了实时网络中时间同步精度不满足的问题，每个设备上的精确同步的时钟可以使过程控制不受网络延迟的影响。

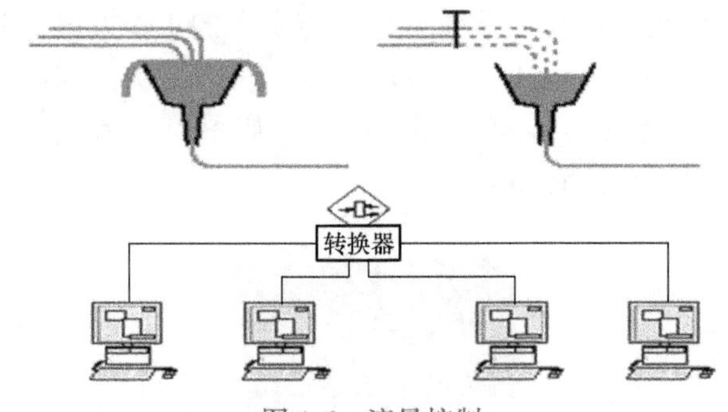

图 4-6　流量控制

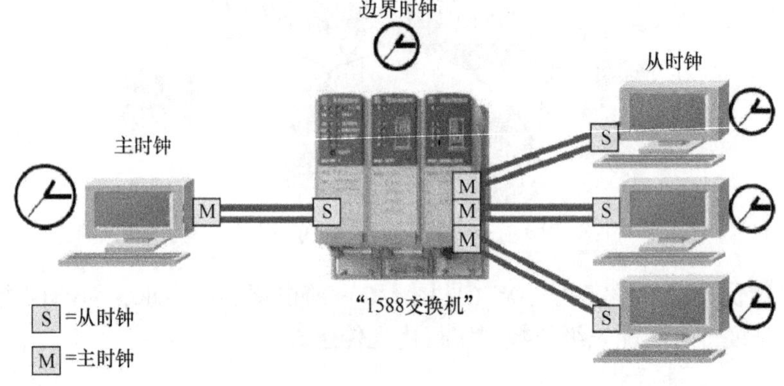

图 4-7　时间同步

4.1.2　可靠性

1. 可靠性要求

工业环境与一般环境存在较大差异，设备受电磁干扰、振动、粉尘污染、空气污染、异常变化的温湿度等影响，因此电气测试系统通信网络必须具备连续可靠的运行能力。通信网络可靠性可以分为设备自身可靠性（见表 4-1）与网络架构可靠性（见表 4-2）。

表 4-1　设备自身可靠性

安装条件	工业现场的安装（恶劣的环境，甚至是 IP67 防护等级） 连接分散的工业组件
使用寿命	20 年以上，甚至超过 100 年 无风扇散热 备件更换：10 年 冗余的电源（DC24V/48V，AC110V/220V）
工作环境	普通或宽温 有具体的抗振动、抗冲击要求 牢固的重机械负载设计、防某些化学物质腐蚀 较强的抗 EMC 干扰能力

表4-2　网络架构可靠性

冗余	多种冗余方式的结合
拓扑结构	环形 双环型 双星型
冗余协议	STP、RSTP Link Aggregation（链路聚合） VRRP（虚拟路由冗余协议）

2. 实现可靠性的手段

冗余技术是提高通信网络的可靠性的重要手段，在组建网络时为网络设计冗余方案已经成为提高网络可用性必不可少的一环。伴随着网络技术的发展，实现网络冗余的技术方案也是层出不穷，本节介绍常见的网络冗余协议。

（1）生成树和快速生成树冗余协议　生成树与快速生成树方式（STP、RSTP）采用 IEEE 标准化的冗余技术（IEEE802.1d、IEEE802.1w）。该技术没有采用回路，冗余链路处于热备份状态，如图4-8所示，热备端口仅仅传输控制数据，没有实际的真实数据传输。该冗余方式相对速度较慢，生成树大约30s，快速生成树则在1~3s。

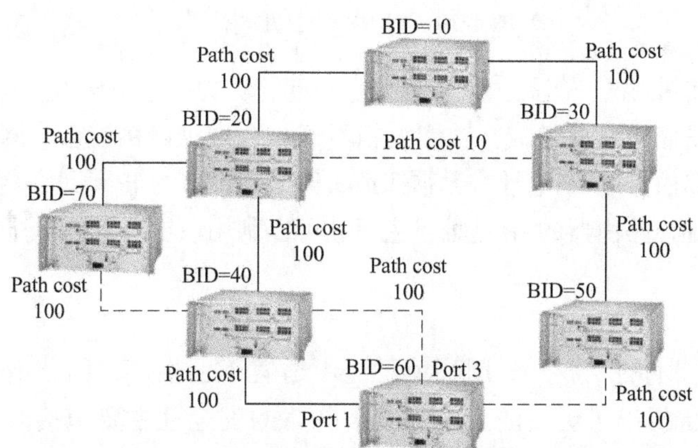

图4-8　生成树与快速生成树

（2）链路聚合冗余协议　链路聚合控制协议（Link Aggregation Control Protocol, LACP）采用 IEEE802.3ad 标准化的冗余技术，包括多条物理链路（扩展交换机间的通信带宽）和一条逻辑链路（任一条链路失效，剩余的链路接班），如图4-9所示。该方式没有采用回路，具有非常快的恢复时间（<200ms）。

图4-9　链路聚合

(3) 虚拟路由冗余协议　虚拟路由冗余协议（Virtual Router Redundancy Protocol，VRRP）是一种容错协议，多台具备 VRRP 功能的路由设备（路由器或三层交换机）可联合组成一台虚拟的路由设备，当同一备份组里的主设备出现故障时，VRRP 通过一定机制可将业务切换到组内其他设备，从而保持通信的连续性和可靠性，如图 4-10 所示。

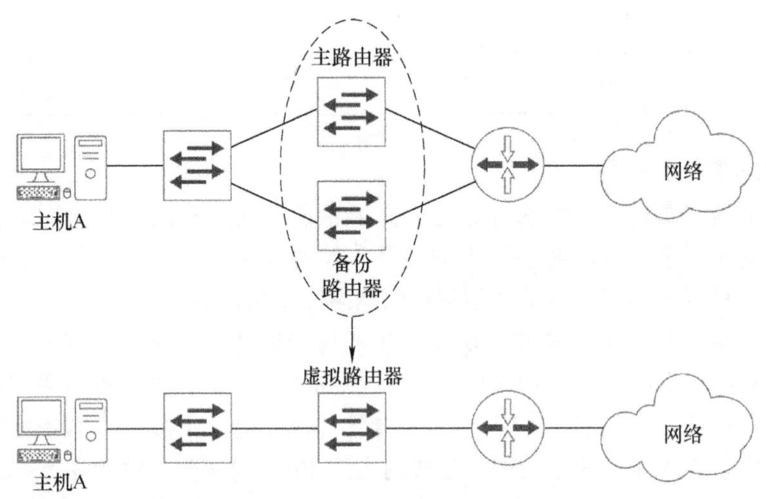

图 4-10　VRRP 备份组示意图

VRRP 将局域网内的一组路由设备划分在一起，称为一个备份组。备份组由一个主路由设备和多个备份路由设备组成，功能上相当于一台虚拟路由设备。网络内的主机只需要知道这个虚拟路由器的 IP 地址，无须知道具体某台设备的 IP 地址，将网络内主机的默认网关设置为该虚拟路由器的 IP 地址，主机就可以利用该虚拟网关与外部网络进行通信。

4.1.3　安全性

随着互联网技术的发展，封闭环境已经不适宜工业生产，因此电气测试系统对通信网络的安全性也提出了更高的要求。通信网络的安全性主要包括通信的安全性和数据的安全性。

1. 典型的安全威胁

1）数据刺探：即在传输的过程中随意的截获并读取数据，如图 4-11 所示。

图 4-11　数据刺探

2）数据欺骗：谎报主人身份信息，此时入侵者取代使用者真实身份直接控制计算机，如图 4-12 所示。

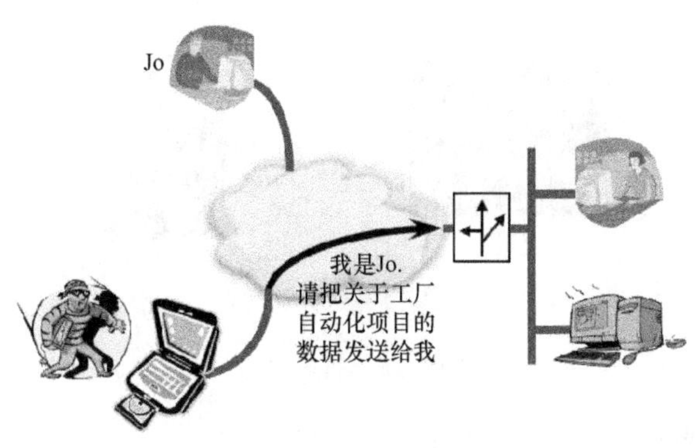

图 4-12 数据欺骗

3）中间人攻击：入侵者将自身连入通信并偷听或使用数据，此时入侵者控制的计算机处于网络中进行联络的两台计算机之间，所以被称为“中间人攻击”，如图 4-13 所示。

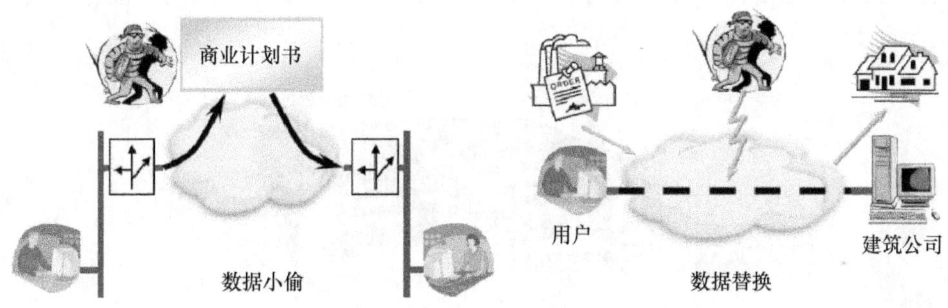

图 4-13 中间人攻击

4）可用性攻击：入侵者攻击的主要目的是使得被攻击者的机器停止服务，也称为拒绝服务攻击，如图 4-14 所示。

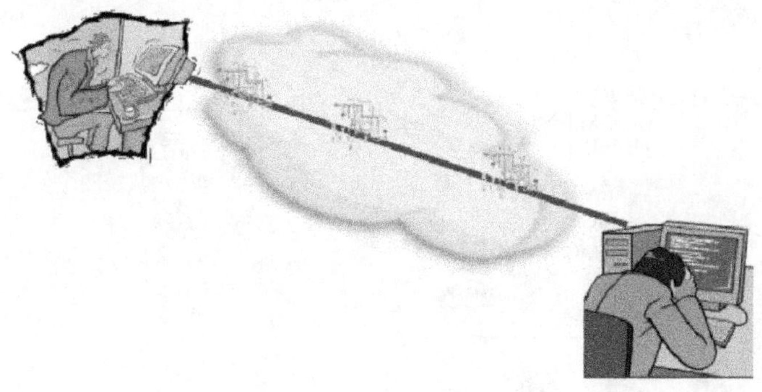

图 4-14 可用性攻击

5）病毒攻击：入侵者通过在目标机器中植入具有破坏性的源程序，如蠕虫、木马等，从而影响控制目标机器的使用，如图 4-15 所示。

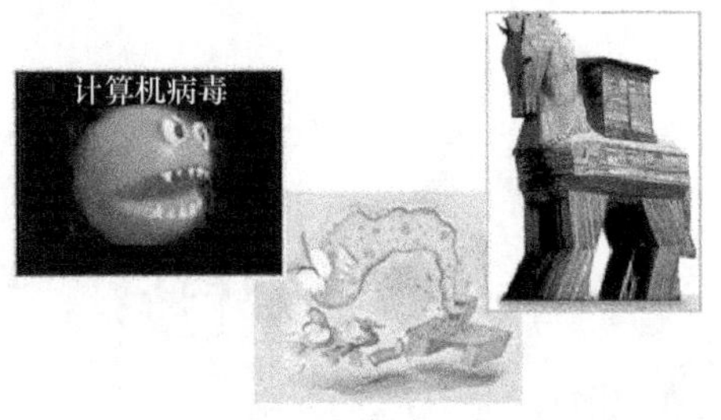

图 4-15 病毒攻击

2. 实现安全性的手段

实现安全性的手段包括虚拟局域网（VLAN）、虚拟私有网络（VPN）、安全认证（IEEE802.1x）、访问控制（密码保护）、防火墙和病毒防护等。

1）虚拟局域网（Virtual LAN，VLAN）：一组不受物理位置限制的用户设备群，其能够在同一网段中进行联系与通信。将网络划分为多个 VLAN，使得处在不同 VLAN 中的设备不能互相通信，同时也隔离了广播域，避免广播风暴在全网的扩散，如图 4-16 所示。

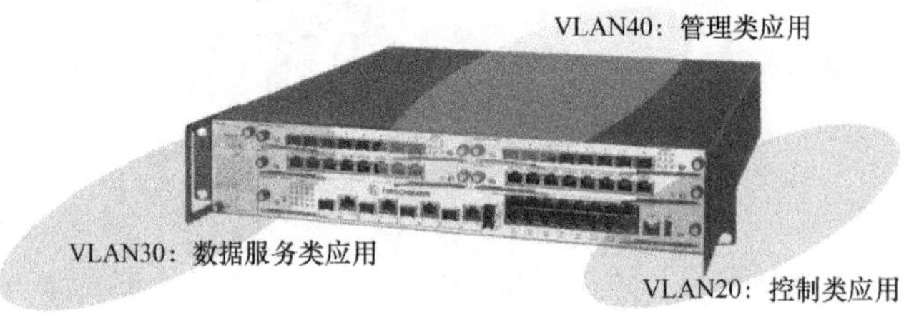

图 4-16 VLAN

2）虚拟私有网络（Virtual Private Network，VPN）：基于特殊加密协议的一条专用通信线路，以连接处于不同位置、没有传统物理链路连接的内部网络，最常用的包括 IPsec & L2TP，如图 4-17 所示。

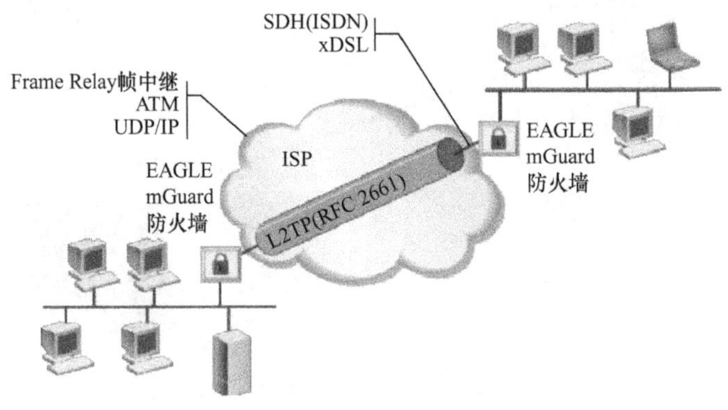

图 4-17 VPN

3）认证：IEEE802.1x 的认证在于确定一个信道端口是否可以使用，认证一般基于交换机等设备，当认证通过时才允许认证报文通过。因此，只有经过认证的用户才可以使用网络资源，如图 4-18 所示。

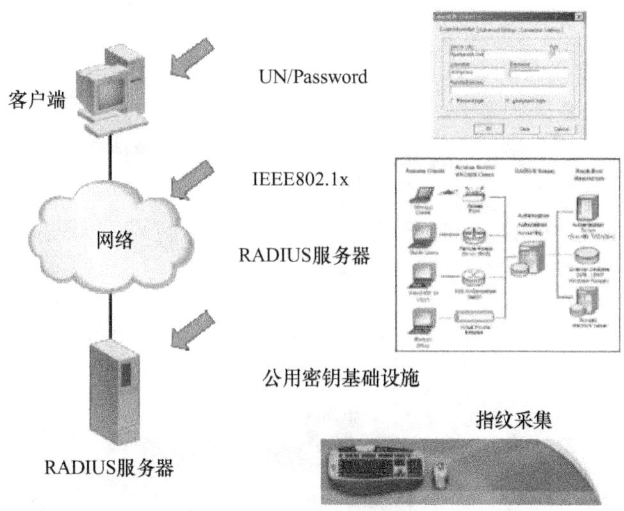

图 4-18　认证

4）访问控制：用于确认访问者信息的密码保护机制，如图 4-19 所示。

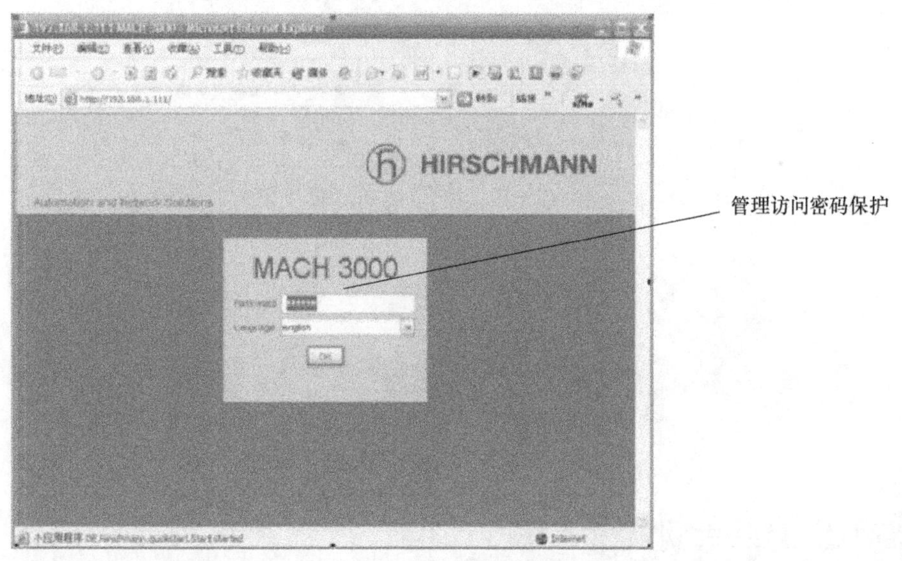

图 4-19　访问控制

5）防火墙：隔离内外部网络、用于允许或限制数据传输的安全系统，对于网络数据流进行访问控制，如图 4-20 所示。

6）病毒防护：能够保护没有打过补丁程序的系统免受病毒的侵害，带病毒防护的防火墙具有病毒防护功能，如图 4-21 所示。

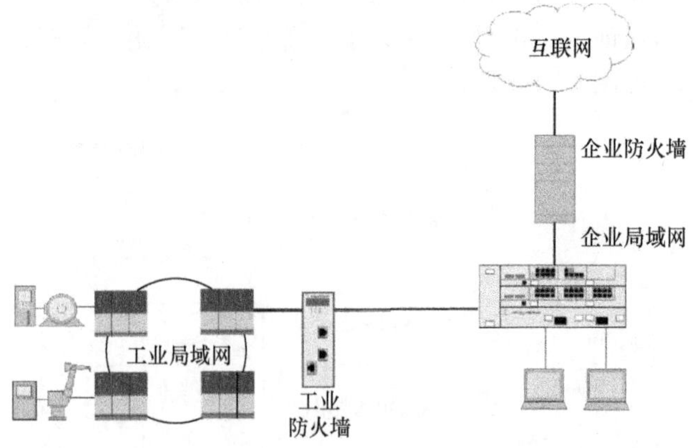

图 4-20　防火墙

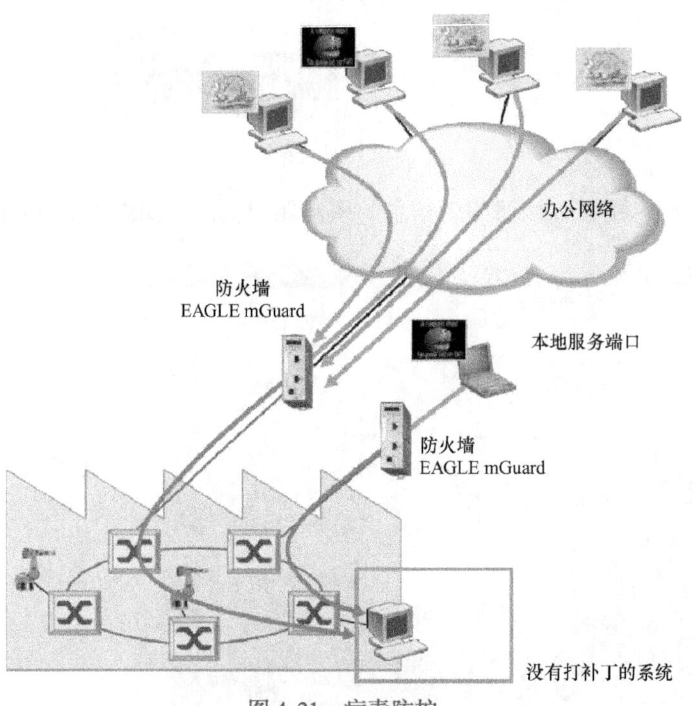

图 4-21　病毒防护

4.2　实时以太网技术

4.2.1　现场总线与实时以太网

电气测试技术发展对通信网络的性能提出了更高的要求，包括实时性、可靠性、安全性等。

传统的现场总线技术具有低抖动与低延时的特点，但是在传输速度与开放性等方

面无法满足现代测试系统的要求。传统以太网技术具有低成本、高速度、广泛连接能力与开放性的特点，但是是非确定性网络。将以太网技术的优点与传统工业现场总线技术的实时性、确定性有机结合起来，使之成为具有高效确定性的通信协议，从而可应用于对实时性和精确性要求严苛的各种网络测试与控制系统中。

实时以太网就是考虑到现场总线的实时性，结合以太网通信技术，建立的适合工业自动化并有实时能力的以太网总线。

4.2.2 实时以太网标准协议

现场总线的国际标准 IEC 61158 和实时以太网应用行规国际标准 IEC 61784－2 规定了包括 Modbus/TCP、Profinet、P－NET、Interbus、VNET/IP、TCNET、EtherCAT、EPL、EPA、Ethernet/IP 以及 SERCOS 等通信行规集（Communication Profile Families，CPF），以下就其中用户多、范围广的几种进行介绍。

1. Ethernet PowerLink（EPL）

EPL 是一个三层协议网络，物理层采用标准的以太网，应用层继承了 CANopen 机制，采用纯软件方式实现，能达到硬实时的标准。数据链路层是 EPL 的核心，通信周期分为同步阶段、异步阶段和空闲阶段。同步阶段用于传输实时性较高、需要周期性传输的数据；异步阶段用于传输实时性要求不高，非周期性数据。

2. EPA

EPA 是我国自主研发的实时以太网通信协议。该系统将控制网络划分为若干个控制区域，每个控制区域通过 EPA 网桥与其他控制区域相连，各控制区域内的通信具有独立性，不会占用其他控制的带宽资源。而控制区域间的数据传输则通过 EPA 网桥进行。连接在每个微网段的 EPA 设备通过内置的协议栈软件，在 EPA 的控制下进行报文的发送，这样就避免了两个设备在发送数据时发生冲突。

3. Modbus－IDA

Modbus 提出了实时性解决方案，该方案在普通以太网上实现了一个实时的应用层协议，该协议的优点是标准、开放，并且是面向信息的协议，所以它可以支持多种电气接口，包括 RS485 和 RS422 等，这些外部协议通过用户应用程序实现与 Modbus 的通信。该协议包括实时数据和非实时数据的通信模式。实时通信通过 Modbus 协议定义；非实时通信则建立在 TCP/IP 协议之上。

4. Profinet

Profinet 采用优化的通信通道进行实时通信，保证了网络中的不同站点能够在一个确定的时间间隔内进行时间要求严格的数据传输。Profinet 解决方案针对不同实时要求的信息采用不同的实时通道技术。标准通信数据采用 TCP/IP 协议的非实时通信通道，用于异步数据的传输；实时通道有 RT 和 IRT 两种，RT 主要用于传输配置参数等实时性要求不高的数据；IRT 是硬实时解决方案，用于传输实时性要求较高的数据。

5. Ethernet/IP

Ethernet/IP 协议运行在 TCP/IP 协议之上，采用 802.3 物理层和数据链路层标准。

在网络层和传输层以 TCP/IP 协议族为基础，可以使用基于 TCP/IP 的硬件和软件来控制、访问、配置工业自动化设备。应用层使用控制信息协议（Control and Information Protocal，CIP）提供实时输入/输出消息传送和点对点消息传送。在 TCP/IP 上附加 CIP 是该协议实时扩展的成功之处。CIP 规定了显性和隐性两种报文，用于解决数据冲突。

6. EtherCAT

EtherCAT 采用集总帧等时通信原理保证其实时性，并开发了专用集成电路（Application Specific Integrated Circuit，ASIC）用于输入/输出模块。EtherCAT 组网采用环形拓扑结构，主从介质访问方式。在 EhtherCAT 通信周期中，主节点发送数据报文，从节点在该报文经过时读取自己需要的数据。同时，插入自己要上报的数据到报文中。在整个通信过程中，报文只有几十纳秒的延迟，报文完成所有从节点的数据交换后，由网络中的末端从节点将报文返回。实时以太网性能比对见表 4-3。

表 4-3 实时以太网性能比对

	EPL	EPA	Modbus - IDA	Profinet	Ethernet/IP	EtherCAT
支持组织	EPSG		Modbus - IDA	PNO	ODVA	ETG
同步	时间片 + IEEE1588	时间片 + IEEE1588	IEEE1588	时间槽调 IEEE1588	IEEE1588	时间片 + IEEE1588
拓扑	树形、星形、环形、菊花链型	树形、星形、环形、菊花链型	树形、环形、菊花链型	树形、星形、环形、菊花链型	树形、星形、环形、菊花链型	环形、菊花链型
冗余	主站和线路冗余	网络、链路、设备冗余	受限制	受限制	受限制	环形冗余
热插拔	支持	支持	支持	支持	支持	支持
电磁敏感性	优	优	差	优	优	差
交叉通信	支持	受限制	支持	支持	支持	受限制
安全	支持	支持	支持	支持	支持	没有
千兆以太网	支持	受限制	支持	受限制	支持	受限制
重载数据传输	优	优	优	优	优	受限制
抖动	<100ms	较大	<100ms	<100ms	较大	<200ms

4.3 无线通信技术

4.3.1 无线通信技术概述

无线通信技术利用电磁波在空间中传播进行信息交换，进行通信的两端之间无需有形的媒介连接。无线通信易受传输空间中障碍物以及其他电磁波的影响，可靠性相比有线通信较低，但其连接自由灵活，因而成为电气测试通信网络的重要组成部分。

常见的无线通信技术可以分为短距离无线通信技术和长距离无线通信技术。

1. 短距离无线通信技术

短距离无线通信技术通信距离一般在100m以内，典型的短距离无线通信技术有：

1）WiFi：通信距离通常在几十米，采用IEEE 802.11标准，是企业和家庭最普遍的基础设施之一。WiFi带宽大、传输速率高，但其功耗也大，而且安全性较差。

2）蓝牙（Bluetooth）：通信距离一般在10m左右，使用IEEE 802.15.1协议，同样是最普遍使用的无线通信技术之一。蓝牙功耗低、成本低，但其传输距离有限、组网能力较差。

3）ZigBee：通信距离一般介于10~100m之间，是一种采用IEEE 802.15.4标准的无线通信技术。ZigBee既继承了蓝牙低功耗、低成本的特点，同时提高了传输距离，自组网能力强，并能够支持大量网络节点，非常适用于低速率小数据量的无线通信传输。

2. 长距离无线通信技术

长距离无线通信技术通信距离在100m以上，典型的长距离无线通信技术有：

1）LoRa：名字来源于Long Range，是由美国Semtech公司推广的一种远距离无线传输方案，其通信距离在城市中一般为1~2km，在郊区最高可达20km，是低功耗广域通信网（Low-Power Wide-Area Network，LPWAN）中的关键一员。LoRa采用免授权频段，无须向运营商申请即可进行网络的建设，网络架构简单，运营成本低，但容易受到其他无线设备的干扰，服务质量难以控制和保证。

2）NB-IoT（Narrow Band Internet of Things，窄带物联网）：由第三代合作伙伴计划（3rd Generation Partnership Project，3GPP）负责标准化，华为、高通、爱立信等公司联合推行，其通信距离取决于基站密度和链路预算，一般为15km，是另一种重要的LPWAN技术。NB-IoT与LoRa不同的是，其采用运营商提供的授权频段，需要支付一定的通信费用，但也因此干扰相对较少，信号服务质量更好，安全更有保障。

3）5G（5th Generation Mobile Networks，第5代移动通信）：我国工信部于2019年6月6日向中国电信、中国移动、中国联通和中国广电发放了5G商用牌照，标志着我国正式进入5G商用时代。5G通信具有高带宽、大容量、低时延等特点，这使得其能够为海量设备提供更高速率更低时延的通信支持，在未来的各行各业中有望起到关键性作用；但5G基站的覆盖半径相比4G更小，一般为300m，其建设成本也将大大提高。

4.3.2节和4.3.3节将分别以短距离无线通信中的ZigBee和长距离无线通信中的5G通信为例，详细介绍其核心特点、关键技术以及其在电气测试系统中的应用。

4.3.2 ZigBee

ZigBee是一种短距离、低速率的无线通信技术。ZigBee主要由IEEE 802.15.4小组与ZigBee联盟两个组织分别制订硬件与软件标准，该技术自被提出以来，已经在智能家居、工业自动化、环境监测以及医疗护理等方面得到了广泛应用。

1. **ZigBee 核心特点与关键技术**

(1) 低成本

ZigBee 网络系统与通信协议较为简单，并且 ZigBee 的协议专利免费，这使得 ZigBee 建设成本很低。同时，ZigBee 具有自组网和自修复能力，网络管理与维护成本也较低。另外，ZigBee 工作在工业科学医疗（Industrial Scientific and Medical，ISM）频段，该频段为免费频段，无须额外支付频率使用费用。

(2) 低功耗

ZigBee 中的设备主要有 3 种类型。

1）终端（End Device）：负责数据采集，数量多。

2）路由器（Router）：负责数据的转发。

3）协调器（Coordinator）：负责网络的建立与维护，是网络的控制中心。

ZigBee 终端可以定时采集数据，其余时间休眠，休眠时电流（微安级）相比于工作时电流（毫安级）可以忽略不计，因此对于 ZigBee 终端，使用 2 节 5 号电池供电，可以工作半年的时间；但 ZigBee 路由器和协调器则要一直供电以保证数据的正确传递。

(3) 低时延

ZigBee 的时延为毫秒级，相比于蓝牙和 WiFi（均为秒级）响应速度更快。一般来说，从休眠转入工作时延 15ms，设备搜索时延 30ms，活动设备信道接入时延 15ms。ZigBee 的低时延进一步降低了功耗，同时使其更适用于对时延敏感的场合。

(4) 低数据传输速率

ZigBee 工作的 ISM 频段定义了 2.4GHz 和 896/915MHz 两个频段，共分配了 27 个具有 3 种速率的信道。

2.4GHz 频段：为全球通用 ISM 频段，共有 16 个信道，信道通信速率为 250kbit/s。

896MHz 频段：为欧洲 ISM 频段，共有 1 个信道，信道通信速率为 20kbit/s。

915MHz 频段：为北美 ISM 频段，共有 10 个信道，信道通信速率为 40kbit/s。

相比于蓝牙和 WiFi 均为 Mbit/s 级的数据传输速率，ZigBee 数据传输速率较低，因此 ZigBee 主要应用于小数据量的无线通信系统。

(5) 高可靠性

对于无线通信，电磁波在传输过程中容易受到干扰，因此 ZigBee 采取了一系列措施来提高数据传输可靠性：

1）采用带有冲突避免的载波侦听多路访问（Carrier Sense Multiple Access with Collision Avoid，CSMA/CA）技术。发送数据前进行信道空闲检测（Clear Channel Assessment，CCA），发送数据后直到发送方收到了接收方对其发送数据的 ACK 确认信号后才认为数据最终传输到了目的地址。

2）采用 16 位循环冗余校验（Cyclic Redundancy Check，CRC）来确保数据的正确。

3）采用直接序列扩频（Direct - Sequence Spread Spectrum，DSSS）技术。扩频可以提高信号带宽，根据香农定理：

$$C = B\log_2\left(1 + \frac{S}{N}\right) \tag{4-5}$$

式中，B 是信道带宽；S 是信号功率；N 是噪声功率；C 表示最大信息传输速率，即通信信道容量，也表示了所希望得到的性能。在恶劣环境中信噪比（S/N）极低时，通过提高信号带宽可以维持或提高通信的性能。DSSS 技术是扩频技术中的一种主要民用技术，它的应用大大增强了 ZigBee 的抗干扰能力和数据传输可靠性。

4）ZigBee 协调器在加入无线通信网前首先扫描所有信道，然后加入一个合适的无线通信网而不是创建一个新的网络，以减少同频段网络的数量和干扰。

（6）高安全性

ZigBee 采用 AES－128 加密算法，同时 DSSS 技术也提高了数据传输的安全性与保密性。

（7）大容量

一个 ZigBee 网络理论上可以容纳 65536 个终端，实际中一般最多连接 1000 个终端。

（8）自组网能力强

ZigBee 能够实现自组网，即 ZigBee 终端能够彼此自动寻找，很快形成一个 ZigBee 网络，即使ZigBee网络拓扑发生变化，ZigBee 终端也能够重新寻找通信目标，形成新的 ZigBee 网络。

2. ZigBee 网络架构

网络架构一般采用分层的思想，类似于以太网的 ISO/OSI 七层参考模型，ZigBee 无线网络的分层示意图如图 4-22 所示。

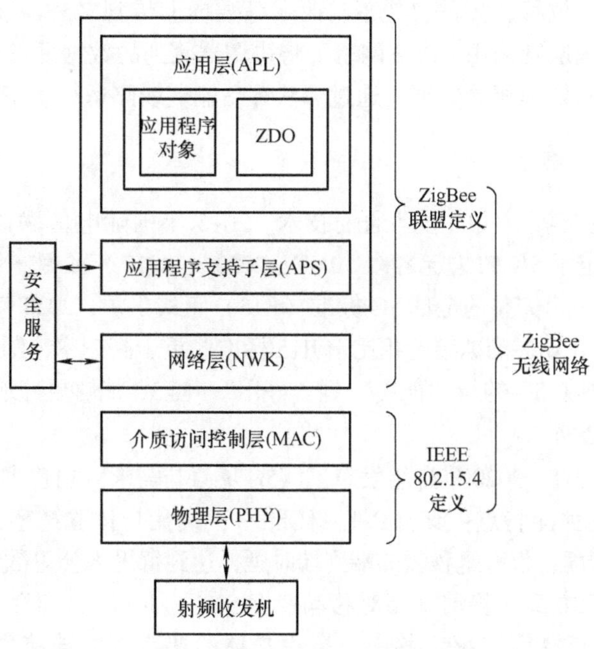

图 4-22　ZigBee 无线网络分层示意图

从图4-22可以看出，ZigBee无线网络共分为5层，其中物理层（PHY）和介质访问控制层（MAC）的数据传输规范由IEEE802.15.4定义，而网络层（NWK）、应用程序支持子层（APS）和应用层（APL）的数据传输规范由ZigBee联盟定义，这就构成了ZigBee无线网络。

3. ZigBee在电气测试领域的应用

（1）智能计量

自动抄表已经逐渐成为抄表技术的主流，其中，远程集中抄表占了较大的比重。远程集中抄表通常采用三层体系结构，第一层是控制中心，通过通用无线分组业务（General packet radio service，GPRS）或以太网收集智能电表的上传数据并进行存储和分析，实现对智能电表的远程监控；第二层是集中器，其通过GPRS或以太网与控制中心相连，通过特定通信技术与智能电表相连；第三层是带通信功能的智能电表。其中，集中器与智能电表间的通信方式主要有RS485总线、电力线载波通信、ZigBee等。采用有线的RS485总线方式存在布线不方便、信道易受人为损坏、信道维护量大等缺点；而电力线载波通信方式则存在噪声高、易受外界干扰等缺点，使其数据传输性能较差；ZigBee通信方式具有低成本、低功耗、可靠性高、容量大、自组网能力强等特点，可有效解决集中器与智能电表间的通信问题。

（2）输电线路状态监测

输电线路状态监测能够反映输电线路真实运行状况，可以在发现隐患时及时预警。工作人员能够根据预警信息及时检查隐患并消除隐患，有效避免事故的发生，保障输电线路的运行安全。输电线路状态监测系统通常为两级网络，底层可以采用ZigBee无线传感器网络，将小监控区域中的传感器节点（终端）检测的温度、湿度、风速、风向、张力、加速度、位移、弧垂、盐密、泄露等数据上传到ZigBee无线网络中，协调器负责接收数据；上层则采用GPRS网络，将协调器收到的数据发送到控制中心，由控制中心存储、读取和处理相关数据，通过算法评估输电线路运行状态。

4.3.3 5G通信技术

5G通信技术是最新一代的移动通信技术。2015年国际电信联盟无线电通信部门（ITU－R）正式确定了5G的法定名称“IMT－2020”。2018年6月，第三代合作伙伴计划（3GPP）宣布第一个完整的全球5G标准（R15）正式出炉；2020年7月，3GPP宣布5G第一个演进版本R16标准冻结。相比于R15标准侧重于高速率，R16标准更侧重于大容量和低时延，实现了5G的从“能用”到“好用”，使5G能够更好地服务于各行各业。

1. 5G通信核心特点

2014年，我国IMT－2020推进组发布了《5G愿景与需求》白皮书，从6个方面定量地说明了5G通信的性能特点：支持0.1～1Gbit/s的高用户体验速率，实现每平方公里100万的大连接数密度，仅有毫秒级的端到端时延，达到每平方公里数十Tbit/s的大流量密度，能够在收发双方高速移动（相对移动速度500km/h以上）时满足一定性能要求，以及数十Gbit/s的高峰值速率。其中，高用户体验速率、大连接数密度、低时延是5G最基本的3个性能特点。6个性能特点体现了5G面对未来多元化应用场景的支持

能力。

白皮书另外从3个方面定量地说明了5G相对于4G的效率特点：5G频谱效率要比4G提高5～15倍，而能源效率和成本效率均比4G提升百倍以上。3个效率特点体现了5G面对未来可持续绿色发展的保障能力。

2. 5G通信关键技术

（1）毫米波技术

毫米波是波长为毫米级的电磁波，它的波长为1～10mm，对应频段为30～300GHz，而通信领域中也有称频段26.5～300GHz的电磁波为毫米波。采用毫米波技术有以下原因：目前移动通信使用的6GHz以下黄金通信频段已经非常拥挤，很难找出适合5G的连续频段；另一方面，根据香农定理，提高信息传输速率最直接有效的方法是增加系统带宽，目前用于移动通信的微波频段带宽只有600MHz，远远无法满足5G移动通信的需要，而毫米波频段连续频段较多，且具有足够大的带宽（30～300GHz）；同时，毫米波频率高、对应波长短，由于天线长度与信号波长成正比，毫米波系统天线及收发器件尺寸较小，系统能够实现小型化。但毫米波应用于5G通信时也有自身的劣势：毫米波传播时自身能量损耗较大，其跨越障碍物的能力较差，传播时空气和水分子吸收严重等。

（2）大规模MIMO技术

由于毫米波波长较短，因此天线阵列占用空间小，这使得毫米波系统非常适合采用大规模多天线发射多天线接收（Multiple Input Multiple Output，MIMO）技术。实际上，MIMO技术已经应用于如4G通信系统、无线局域网（WLAN）等无线通信系统，然而传统的MIMO系统都只有少量的天线数配置，例如最新4G通信标准LTE－Advanced支持最多8根天线。大规模MIMO技术由美国贝尔实验室学者Marzetta于2010年提出，在大规模MIMO中，天线配置数量非常大，通常为几十根到几百根。部署大规模天线阵列后，系统可以结合波束赋形技术，通过调节各个天线发射信号的相位，将叠加后的波束集中在很窄的范围内，提高了发射天线增益，根据弗里斯传输公式：

$$P_{\mathrm{r}}=P_{\mathrm{t}}\frac{G_{\mathrm{t}}G_{\mathrm{r}}\lambda^{2}}{(4\pi R)^{2}} \tag{4-6}$$

式中，P_{t}为发射天线功率；G_{t}为发射天线增益；G_{r}为接收天线增益；P_{r}为接收功率；λ为波长；R为两天线距离。

提高发射天线增益G_{t}能够提高接收信号的强度，同时还降低了信号间的干扰，这为毫米波通信的高损耗问题提供了解决方案。

（3）5G网络切片技术

国际电信联盟（ITU）为5G定义了三个主要应用场景：

1）增强移动带宽（Enhanced Mobile Broadband，eMBB）：利用大规模MIMO技术、波束赋形等技术，实现高带宽、大流量通信，典型应用场景包括超高清视频、3D视频、虚拟现实等。

2）大规模机器类通信（Massive Machine Type of Communication，mMTC）：利用边缘计算、物联网等技术，实现物联网中大量设备与用户的通信交互，这对应5G通信的

高容量和低功耗特性，典型应用场景包括智能家居、智慧城市、共享单车、环境监测等。

3）超高可靠低时延通信（Ultra Reliable & Low Latency Communication，URLLC）：利用人工智能、大数据等技术，实现高可靠低时延通信，典型应用场景包括无人驾驶汽车、远程医疗、远程控制等。

由于5G的主要应用场景对实时性、可靠性、安全性、移动性等方面有着不同的需求，而如果为每种应用场景都建设一个专有网络，必然会导致网络建设昂贵与运维复杂。利用网络切片技术，运营商可以根据不同用户的不同需要，将一个物理网络切分为多个虚拟的端到端的网络，每个虚拟网络相互独立、具备不同的功能特点、面向不同的服务和需求，以此在同一个物理网络上支持5G多元化应用场景。

3. 5G通信在电气测试领域的应用

当前电力系统的无线通信网络仍以3G、4G网为主，更高速率、更大容量、更低时延的5G通信技术为智能电网的调度、控制、运维、监测带来了新的可能。本节从eMBB、mMTC和URLLC三大典型场景入手，结合具体实例阐述5G通信在电力系统中的典型应用。

（1）eMBB场景

eMBB场景利用5G通信高带宽、大流量通信特性，能够实现超高清视频与图像的快速传输，适用于电力系统中无人机巡检、变电站视频监控等场景。

基于5G通信的输电线路无人机巡检利用无人机上搭载的5G终端拍摄的4K超高清视频和图像能够快速便捷地回传给监控中心，运维人员可根据清晰的视频和图像对问题线路及时采取相应措施，保障电力系统安全。

变电站视频监控一般利用有线光纤回传，而5G通信的应用有望降低站内有线光纤铺设成本，特别适用于位于偏远地区或地质复杂地区的变电站，为变电站设备运行状态监控、变电站机器人巡检、高清视频监控等实时回传提供有力支撑。

（2）mMTC场景

mMTC场景能够实现物联网中大量设备的通信交互，对应于电力系统中密集状态估计、电压控制、高级计量等有海量设备接入的场景。另外，随着大量分布式能源接入电网，电力系统也面临着海量分布式数据的采集与大量分布式能源的调控问题，5G通信中mMTC场景对应的大容量特性可以很有效地解决这种问题。

光伏电站可以通过5G网络将光伏发电量、功率、转化率等海量数据信息快速便捷地传输到电网分布式光伏云网上，有效地解决了光伏云网面临的用户数量激增、海量分布式数据难以采集等难题。

（3）URLLC场景

URLLC场景利用5G通信高可靠、低时延通信特性，可处理一些对时延异常敏感的业务，如智能电网中配电自动化、精准负荷控制、电力系统差动保护等业务。

表4-4对5G通信在电力系统中的典型应用进行了总结。

表4-4 5G通信在电力系统中的应用

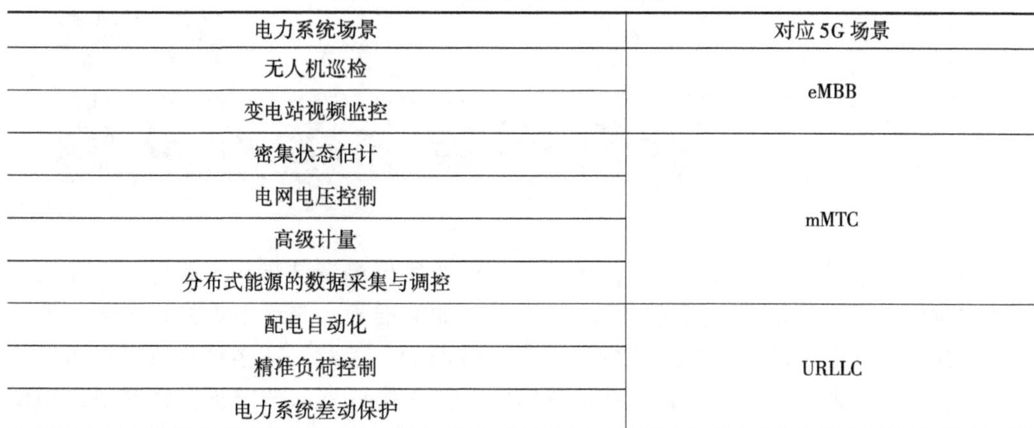

电力系统场景	对应5G场景
无人机巡检	eMBB
变电站视频监控	
密集状态估计	mMTC
电网电压控制	
高级计量	
分布式能源的数据采集与调控	
配电自动化	URLLC
精准负荷控制	
电力系统差动保护	

第5章 测量误差与数据处理

测量的目的不仅要给出测量结果的量值，还要给出测量结果的不确定度。在实际测量过程中，无论测量方法如何可靠、测试设备如何准确、测量工作如何细致，但测量误差总是客观存在的，测量结果的量值也是分散的。因此，有必要分析误差的来源与大小，确定误差性质；正确处理测量数据，以得到接近真值的结果；合理制定测量方案，避免盲目测量。

5.1 测量误差及其分类

从测量的要求而言，人们总希望测量的结果能很好地符合客观实际，但在实际测量过程中，由于测量仪器、测量方法、测量条件和测量人员的水平以及种种因素的局限，不可能使测量结果与客观存在的真值完全相同，所测得的只能是某物理量的近似值。也就是说，任何一种测量结果的量值与真值之间总会或多或少地存在一定的差值，将其称为该测量值的测量误差，简称“误差”。

1. 表示

测量误差的大小反映了测量的精度。测量误差可以用绝对误差表示，也可用相对误差表示。

（1）绝对误差

绝对误差定义为被测量的测量值与真值之差。绝对误差具有与被测量相同的单位，其值可为正也可为负。测量中，由于被测量的真值常无法求得，因而绝对误差仅有理论意义。

（2）相对误差

相对误差指的是测量所造成的绝对误差与被测量（约定）真值之比乘以100%所得的数值，以百分数表示，它是一个无量纲的值。一般来说，相对误差更能反映测量的可信程度。

2. 分类

根据误差的特点和性质，误差可以分为随机误差、系统误差、粗大误差。

（1）随机误差

随机误差是测量误差在同一被测量的多次测量过程中，以不可预知的方式变化。随机误差是测量结果减去在重复性条件下对同一被测量进行无限多次测量结果的平均值。

若记测量结果为 x，无穷多次测量结果的平均值即期望为 $E(x)$，则随机误差为

$$\delta = x - E(x) \tag{5-1}$$

（2）系统误差

系统误差是指在确定的测量条件下，某种测量方法和装置，在测量之前就已存在

误差，并始终以必然性规律影响测量结果的正确度。如果这种影响显著的话，就要影响测量结果的准确度。系统误差的特征是在相同条件下，多次测量同一量值时，该误差的绝对值和符号保持不变，或者在条件改变时，按某一确定规律变化的误差。

（3）粗大误差

明显超出规定条件下预期的误差称为粗大误差，或称过失误差。这种误差较大，明显歪曲测量结果，因此要按照一定的判决准则剔除。粗大误差的产生可能由于某些突发性因素或疏忽、测量方法不当、操作程序失误、读错读数或单位、记录或计算错误等原因。

误差理论中的粗大误差属于不允许存在的误差。研究粗大误差通常是先找出剔除它的办法，避免测量结果受到粗大误差的影响。

5.2 随机误差与数据处理

随机误差没有规律，但多次测量的总体服从某种统计规律，因此随机误差无法用修正的办法或采取某种技术措施来彻底消除。通常，可以对随机误差进行统计处理，在理论上估计其对测量结果的影响。

5.2.1 随机误差产生的原因

当对同一测量值进行多次等精度的重复测量时，得到一系列不同的测量值（常称为测量列），每个测量值都含有误差，这些误差的出现没有确定的规律，即前一个误差出现后，不能预测下一个误差的大小和方向。但就误差整体而言，却明显具有某种统计规律。

随机误差是一系列有关因素微小的随机波动而形成的，主要有以下几方面：

1）测量装置方面的因素，如零部件变形及其不稳定性、信号处理电路的随机噪声等。

2）测量环境方面的因素，如温度、湿度、气压的变化，光照强度、电磁场变化等。

3）测量人员方面的因素，主要指测量人员生理状态变化波动引起的感觉判别能力的波动，如读数不稳定、人为操作不当等。

5.2.2 随机误差的统计特性和概率分布

1. 随机误差的统计特性

对于单次测量而言，随机误差并不具有规律，其大小和方向均不可预知。但是测量次数足够多时，随机误差总体上服从统计规律。

对某测量量进行等精度测量 n 次，这 n 次测量读数分别为 x_1，x_2，…，x_i，…，x_n，则随机误差分别为

$$\delta_1 = x_1 - E(x), \delta_2 = x_2 - E(x), \cdots, \delta_i = x_i - E(x), \cdots, \delta_n = x_n - E(x)$$

大量的实验事实和理论都证明，上述随机误差具有以下统计特性：

1）对称性：绝对值相等的正负误差出现的概率相等。

2）抵偿性：一列等精度测量中，随机误差代数和为0，正负误差相互抵消。但有

限次测量，不会全抵消，据此可估计出随机误差大小。

3）单峰性：绝对值小的误差出现次数多，绝对值大的误差出现次数少。

4）有界性：在一定测量条件下，随机误差绝对值不会超过一定限度。

2. 随机误差的概率分布

随机误差的分布有很多种类型，如正态分布、均匀分布、t 分布、χ^2分布等。在实际的测量工作中经常遇到的是正态分布、均匀分布和 t 分布，因此这里仅介绍这三种分布。

（1）正态分布

实验和统计理论证明，在大多数测量中，当测量次数足够多时，随机误差服从正态分布。正态分布的概率密度函数为

$$\varphi(\delta)=\frac{1}{\sigma\sqrt{2\pi}}\mathrm{e}^{-\frac{\delta^2}{2\sigma^2}} \tag{5-2}$$

式中，σ 为随机误差 δ 的标准差。

图 5-1 给出了不同 σ 下的正态分布特性曲线。

（2）均匀分布

均匀分布的特点是，在某一范围内，随机误差出现的概率相等，而在该范围外，随机误差出现的概率为 0。均匀分布的概率密度函数为

$$\varphi(\delta)=\begin{cases}\dfrac{1}{2a} & -a\leqslant\delta\leqslant a\\ 0 & |\delta|>a\end{cases} \tag{5-3}$$

式中，a 为随机误差 δ 的极限值。

均匀分布的概率密度函数为矩形，如图 5-2 所示。

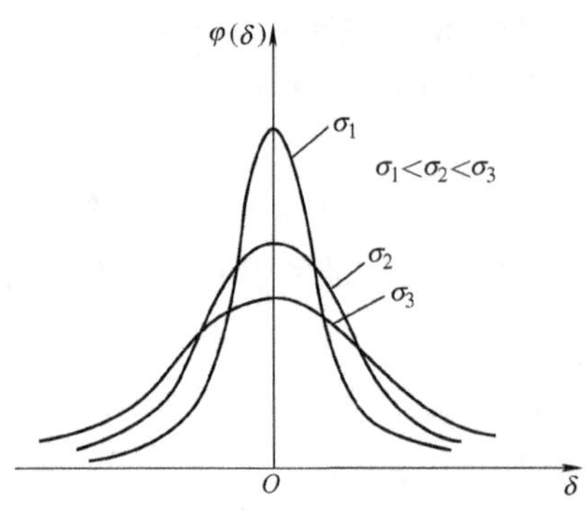

图 5-1　不同 σ 下的正态分布特性曲线

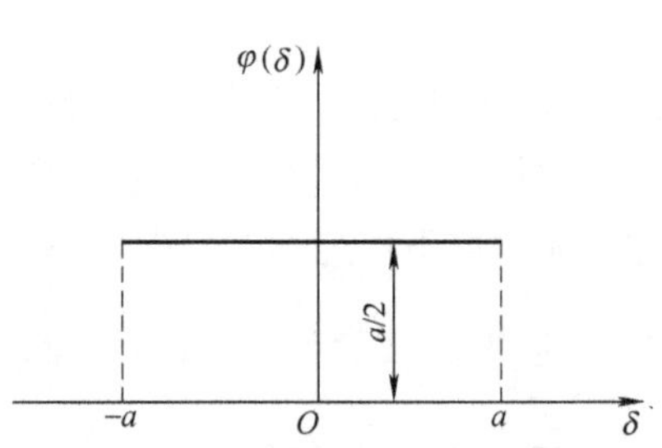

图 5-2　均匀分布的概率密度函数

（3）t 分布

t 分布主要用来处理小样本（即测量数据比较少）的测量数据。正态分布理论主要适合于大样本的测量数据，而对于小样本的测量数据必须用 t 分布理论来处理。

t 分布的概率密度函数为

$$\varphi(t,k)=\frac{\Gamma\left(\frac{k+2}{2}\right)}{\sqrt{k\pi}\,\Gamma\left(\frac{k}{2}\right)}\left(1+\frac{t^2}{k}\right)^{-\frac{n}{2}} \tag{5-4}$$

式中，$t=(\bar{x}-X_0)/(\bar{\sigma}/\sqrt{n})$，其中 $\bar{\sigma}$ 为 σ 的估计值，$\bar{x}$ 为测量读数的平均值；k 为自由度，$k=n-1$；n 为测量次数；$\Gamma(x)=\int_0^\infty t^{x-1}\mathrm{e}^{-t}\mathrm{d}t$，为伽马函数。

t 分布的图像如图 5-3 所示。t 分布曲线形态与 n（确切地说与自由度 k）大小有关。与标准正态分布曲线相比，自由度 k 越小，t 分布曲线越平坦，曲线中间越低，曲线双侧尾部翘得越高；自由度 k 越大，t 分布曲线越接近正态分布曲线，当自由度 $v=\infty$ 时，t 分布曲线为标准正态分布曲线。

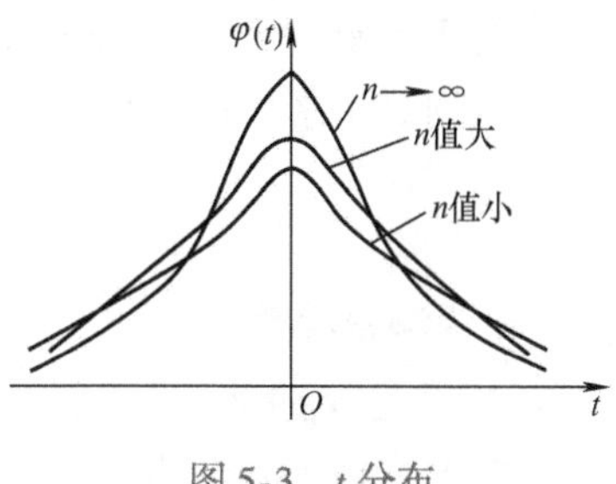

图 5-3 t 分布

5.2.3 测量值的均值与残余误差

由随机误差的统计特性分析知，通过增加测量次数可以使随机误差相互抵消，使测量量的算数平均值更接近于真值，即 $\bar{x}$ 必然接近于真值 X_0。因此，通常情况下，利用算数平均值作为最后的测量结果。

设对被测量 x 进行 n 次等精密度测量，测量值的算数平均值为

$$\bar{x}=\sum_{i=1}^{n}x_i \tag{5-5}$$

式中，x_i为对应的测量结果。

根据随机误差的定义有

$$\delta_i=x_i-X_0 \tag{5-6}$$

一般情况下，被测量的真值 X_0未知，因此不可能求出随机误差 δ，所以需要引入残余误差，残余误差的定义表达式为

$$v_i=x_i-\bar{x} \tag{5-7}$$

5.2.4 标准差

1. 测量列中单次测量的标准差

测量值的算术平均值是被测量的最可信赖值。但是仅知道测量值的算术平均值仍无法知道测量值的分散程度。被测量的分散程度可以用测量列的标准差来表示。

在等精度测量中，当测量次数 $n\to\infty$时，单次测量的标准差为

$$\sigma=\sqrt{\frac{1}{n}\sum_{i=1}^{n}\delta_i^2} \tag{5-8}$$

标准差 σ 是表征精密度的重要参数。σ 小表示测量值集中；σ 大表示测量分散。

由于实际测量次数是有限的，其真值未知，因此标准差也无法计算。在实际应用中，往往只能用算术平均值来替代真值，用贝塞尔公式来求标准差。

2. 测量列算术平均值的标准差

在多次测量中，以算术平均值来作为测量结果，因此有必要研究算数平均值作为测量结果的不可靠性。

在相同条件下对同一测量量进行多组等精度测量，每一组测量都会得到一个算术

平均值。由于随机误差的存在，每一个算数平均值并不完全相同，它们围绕被测量的真值具有一定的分散性，说明了算术平均值的不可靠性。

算术平均值的标准差 $\sigma_{\bar{x}}$ 是表征各测量列算术平均值的分散程度的一个重要参数，通常作为算术平均值不可靠性的评定标准。

测量列算术平均值的标准差计算公式为

$$\sigma_{\bar{x}} = \frac{\sigma}{\sqrt{n}} \tag{5-9}$$

式中，n 为测量次数。

3. 标准差 σ 的估计

标准差 σ 称为测量列的分散特性参数。上面对标准差的讨论均只有理论参考价值，下面将讨论标准差的实际估算方法。

（1）贝塞尔公式法

在实际测量中，由于被测量的真值未知，因此不能直接利用式(5-8) 来求标准差。对于有限次测量，可用残余误差 ν_i 来代替随机误差，从而得到标准差的估计值 $\hat{\sigma}$，即

$$\hat{\sigma} = \sqrt{\frac{1}{n-1}\sum_{i=1}^{n}\nu_i^2} \tag{5-10}$$

式(5-10) 称为贝塞尔公式，可以证明，当测量次数 n 足够多时，可以用式(5-10) 中的 $\hat{\sigma}$ 代替式(5-8) 定义的 σ。

（2）别捷尔斯法

别捷尔斯法由苏联天文学家别捷尔斯得出，计算公式为

$$\hat{\sigma} = 1.253\frac{\sum_{i=1}^{n}|\nu_i|}{\sqrt{n(n-1)}} \tag{5-11}$$

它可由残余误差的绝对值之和求出单次测量的标准差。

（3）极差法

贝塞尔公式法和别捷尔斯法均需要先求出算术平均值，然后再求残余误差，再进行其他运算，运算过程较为复杂。为了更简单、迅速地求出标准差，可以利用极差法。

设一列等精度测量值分别为 x_1，x_2，…，x_i，…，x_n，且服从正态分布，其中的最大值 $x_{\max}$ 和最小值 $x_{\min}$ 之差称为极差，即

$$w_n = x_{\max} - x_{\min} \tag{5-12}$$

根据极差的分布，可以求出标准差为

$$\hat{\sigma} = \frac{w_n}{d_n} \tag{5-13}$$

式中，d_n 的值查表 5-1 可得到。

表 5-1 极差分布相关的值

n	2	3	4	5	6	7	8	9	10	11	12	13	14	15	16	17	18	19	20
d_n	1.13	1.69	2.06	2.33	2.53	2.70	2.85	2.97	3.08	3.17	3.26	3.34	3.41	3.47	3.53	3.59	3.64	3.69	3.74

利用式(5-13)可以快速地求出标准差，对于$n<10$的情况，利用该式计算标准差具有较高的精度。

5.2.5 极限误差

极限误差是测量中可能出现的最大误差，即测量结果的误差不超过极限误差的概率为P，并使差值$1-P$可以忽略。

测量列的次数足够多且测量误差服从正态分布时，由概率分布可知，随机误差出现在$\pm k\sigma$内的置信概率为

$$P[(|\delta|<k\sigma)]=\frac{1}{\sigma\sqrt{2\pi}}\int_{-k\sigma}^{k\sigma}\mathrm{e}^{-\frac{\delta^2}{2\sigma^2}}\mathrm{d}\delta \tag{5-14}$$

若随机误差出现在$\pm(k\sigma)$内的概率为p，则超出$\pm(k\sigma)$范围的概率为$1-p$。

通常认为绝对值大于3σ的概率非常小，通常把这个误差称为单次测量的极限误差$\delta_{\lim x}$，即

$$\delta_{\lim x}=\pm 3\sigma \tag{5-15}$$

对于一个等精度、独立的、有限次测量列来说，在没有系统误差和粗大误差的情况下，如果以测量值来表示测量结果，则测量结果的正确表示为

$$x=\bar{x}\pm 3\sigma_{\bar{x}} \tag{5-16}$$

式中，$\sigma_{\bar{x}}=\sqrt{\frac{1}{n-1}\sum_{i=1}^{n}\nu_i^2}$。测量结果以算术平均值$x$表示，测量结果的精度以算术平均值的方均根误差$\sigma_{\bar{x}}$来评价，此时置信概率为99.7%。

5.3 系统误差与数据处理

在一定条件下，系统误差的数值服从于某一确定的函数规律，且具有无抵偿性。因此，在处理方法上，可以根据其产生原因，采取一定的技术措施，设法消除或减小；也可以采用在相同条件下对已知约定真值的标准器具进行多次重复测量的办法，或者采用通过多次变化条件下的重复测量的办法，设法找出其系统误差的规律后，对测量结果进行修正。

5.3.1 系统误差的分类

按误差出现规律，系统误差可分为恒值系统误差和变值系统误差。

(1) 恒值系统误差

恒值系统误差是指误差绝对值和符号固定不变的系统误差。例如，仪表的零点偏高或低、刻度不准确等均属于恒值系统误差。

(2) 变值系统误差

变值系统误差是指误差绝对值和符号变化的系统误差。按其变化规律，可分为线性变化的系统误差、周期性变化的系统误差和复杂规律变化的系统误差。

1) 线性变化的系统误差，指在测量过程中，误差值随测量值或时间线性增加或者减小的系统误差。例如，晶体管老化引起放大倍数下降而导致的误差，标准电池的电

动势随时间减小而引起的误差等均属此类误差。

2）周期性变化的系统误差，指在测量过程中误差值周期性变化的误差。例如仪表指针的回转中心与刻度盘中心有偏心值 e，则指针在任一转角 θ 引起的读数误差为周期性系统误差，可表示为：$\Delta L = e\sin\theta$。

3）复杂规律变化的系统误差，指在整个测量过程中误差是按确定的复杂规律变化的误差，如微安表的指针偏转角与偏转力矩不能严格保持线性关系，而表盘采用均匀刻度所产生的误差。

5.3.2　系统误差的发现

为了削弱或减小系统误差对测量的影响，需要解决如何发现系统误差的问题。下面介绍测量列内和测量列间系统误差的发现方法。

1. 测量列内系统误差的发现方法

（1）实验对比法

实验对比法通过改变产生系统误差的条件，进行不同条件的测量，以发现系统误差。这种方法适用于发现不变的系统误差。该方法常用于检定中，但需要较高精度的仪器，因此在实际中较少采用。

（2）残余误差观测法

残余误差观测法根据测量列的各个残余误差大小和符号的变化规律，直接由误差数据或误差曲线图形来判断有无系统误差。这种方法适于发现有规律变化的系统误差，如图 5-4所示。

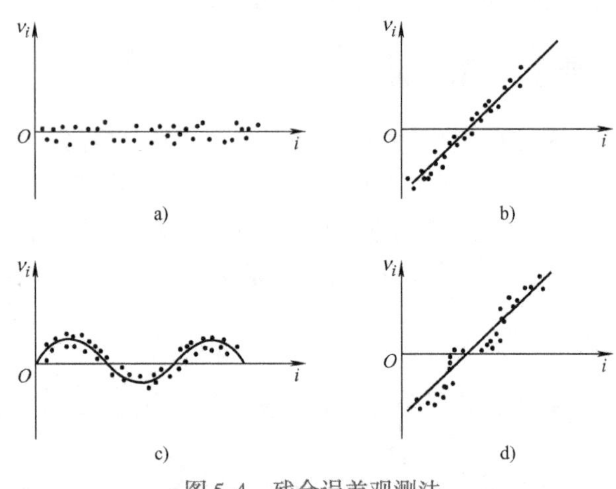

图 5-4　残余误差观测法

观察图 5-4 可知：图 5-4a 所示的残余误差的正负值大致相同，因此不存在系统误差；图 5-4b 所示的残余误差存在线性变化的系统误差；图 5-4c 所示的残余误差存在周期性变化的系统误差；图 5-4d 所示的残余误差存在线性变化和周期性变化的系统误差。

（3）残余误差校核法

1）马尔可夫准则——发现线性系统误差的方法。

① 将测量数据按测量先后排列起来，分别求残余误差 ν_1，ν_2，…，ν_n，把残余误

差数列分为前 K 个残余误差相加，后 $n-K$ 个残余误差相加［当 n 为偶数时，取 $K=n/2$；当 K 为奇数时，取 $K=(n+1)/2$］。

② 求前后两组代数和之差 Δ，若 Δ 显著不为零，且 $|\Delta|>|\max\nu_i|$ 则说明存在线性系统误差。

注：$\Delta=0$ 仍有可能存在系统误差，如不变系统误差。

2）阿卑-赫梅特准则——周期性系统误差检测的方法。

当周期性系统误差是测量误差主要成分时，同样可由残余误差变化规律观察出来。如果随机误差很显著，则周期性系统误差就不易被发现，可用阿卑-赫梅特准则判断。一个等精度测量列，按测量的先后顺序将残余误差两两相乘，取和的绝对值 A，即

$$A=\left|\sum_{i=1}^{n-1}\nu_i\nu_{i+1}\right|=|\nu_1\nu_2+\nu_2\nu_3+\cdots+\nu_{n-1}\nu_n| \tag{5-17}$$

若 $A>\sqrt{n-1}\sigma^2$，则认为该测量列中含有周期性系统误差。

（4）不同公式计算标准差比较法

对等精度测量，可用不同公式计算标准差，通过比较以发现系统误差。按贝塞尔公式计算：

$$\sigma_1=\sqrt{\frac{1}{n-1}\sum_{i=1}^{n}\nu_i^2} \tag{5-18}$$

按别捷尔斯公式计算：

$$\sigma_2=1.253\frac{\sum_{i=1}^{n}|\nu_i|}{\sqrt{n(n-1)}} \tag{5-19}$$

令

$$u=\frac{\sigma_2}{\sigma_1}-1 \tag{5-20}$$

若 $|u|\geqslant\frac{2}{\sqrt{n-1}}$，则怀疑测量列中存在系统误差。

2. 测量列组间的系统误差发现方法

（1）计算数据比较法

对同一量进行多组测量得到很多数据，通过多组数据计算比较，若不存在系统误差，其比较结果应满足随机误差条件，否则可认为存在系统误差。

若对同一量独立测量得 m 组结果，并知它们的算术平均值和标准差分别为

$$\overline{x_1},\sigma_1;\overline{x_2},\sigma_2;\cdots;\overline{x_m},\sigma_m$$

任意两组结果之差为

$$\Delta=\overline{x_i}-\overline{x_j} \tag{5-21}$$

其标准差为

$$\sigma=\sqrt{\sigma_i^2+\sigma_j^2} \tag{5-22}$$

若 $|\Delta|<2\sqrt{\sigma_i^2+\sigma_j^2}$，则两组测量结果 $\overline{x_i}$ 与 $\overline{x_j}$ 间不存在系统误差。

(2) 秩和检验法

若独立的两组数据为

$$x_i,\quad i=1,2,\cdots,n_1$$

$$x_j,\quad j=1,2,\cdots,n_2$$

将它们混合以后，按大小顺序重新排列，取测量次数较少的那一组，得出该组测得值在混合后的次序（即秩），再将该组所有测得值的次序相加，即得秩和 T。若两组数据中有相同的数值，则该数据的秩按这些相同数值次序的平均值计算。

1) n_1、$n_2 \leqslant 10$ 时的检验。测量次数较少组的次数 n_1 和测量次数较多组的次数 n_2，由秩和检验表（表2-2）查得 T_- 和 T_+（显著性水平为0.05）。若 $T_- < T < T_+$，则两组间不存在系统误差。

2) n_1、$n_2 > 10$ 时的检验。当 n_1、$n_2 > 10$ 时，秩和 T 近似服从正态分布

$$N\left(\frac{n_1(n_1n_2+1)}{2},\sqrt{\frac{n_1n_2(n_1+n_2+1)}{2}}\right)$$

其中，括号内的第一项为数学期望，第二项为方差σ^2。

根据数学期望和标准差的定义有

$$t=\frac{T-\mu}{\sigma}$$

选取概率 $\Phi(t)$，由正态分布积分表查得 t，记为 t_α。若 $|t| \leqslant t_\alpha$，则两组间不存在系统误差。

表5-2 给出了秩和检验常用数据表。

表 5-2　秩和检验常用数据表

n_1	2	2	2	2	2	2	2	3	3	3	3
n_2	4	5	6	7	8	9	10	3	4	5	6
T_-	3	3	4	4	4	4	5	6	7	7	8
T_+	11	13	14	16	18	20	21	15	17	10	22

n_1	3	3	3	3	4	4	4	4	4	4	4
n_2	7	8	9	10	4	5	6	7	8	9	10
T_-	9	9	10	11	12	13	14	15	16	17	18
T_+	24	27	29	31	24	27	30	33	36	39	42

n_1	5	5	5	5	5	5	6	6	6	6	6
n_2	5	6	7	8	9	10	6	7	8	9	10
T_-	19	20	22	23	25	26	28	30	32	33	35
T_+	36	40	43	47	50	54	50	54	58	63	67

n_1	7	7	7	7	8	8	8	9	9	10	
n_2	7	8	9	10	8	9	10	9	10	10	
T_-	39	41	43	46	52	54	57	66	69	83	
T_+	66	71	76	80	84	90	95	105	111	127	

5.3.3 消除系统误差的方法

在实际测量中，如果发现系统误差的存在，就应该设法减小或消除系统误差。由于测量方法、测量对象、测量环境以及测量者的不同，所以并没有一个普遍适用的方法，下面将介绍几种基本的方法以减小或消除系统误差。

1. 消误差源法

从误差产生的根源上消除误差的方法是消除系统误差最根本的方法。它要求对测量过程中可能产生系统误差的各个环节做仔细分析，并在测试前就将误差从产生根源上加以消除或减弱到可忽略的程度。

由于具体条件不同，在分析查找产生误差的根源时，并无一成不变的方法，但可以从以下几方面考虑：所用基准件、标准件是否准确可靠；所用量具仪器是否处于正常工作状态；所采用的测量方法和计算方法是否正确，有无理论误差；测量的环境条件是否符合规定要求，如温度、湿度、振动等。

2. 加修正值法

加修正值法是预先将测量设备的系统误差检定出来或计算出来，取与误差大小相同而符号相反的值作为修正值，将测得值加上相应的修正值，即可得到不包含该系统误差的测量结果。

采用加修正值的方法消除系统误差，关键在确定修正值或修正函数的规律。

1）对恒定系统误差，可对已知基准量 x_0 重复测量取其均值 $\bar{x}$，$x_0-\bar{x}$ 为其修正值。

2）对可变系统误差，按照某变化因素，依次取得已知基准量 x_0 的一系列测量值 x_1，x_2，…，x_n，再计算其差值 x_i-x_0，按最小二乘法确定它随该因素变化的函数关系式，取其负值为该可变系统误差的修正函数。

由于修正值本身也包含一定的误差，因此用这种方法不可能将全部系统误差修正掉，总会残留少量的系统误差。由于这些残留的系统误差相对随机误差而言已不明显了，往往可以把它们统归成偶然误差来处理。

3. 改进测量方法

在测量过程中，应根据具体的测量环境和误差性质，对产生误差的各个环节采取相应的措施，通过选取适当的测量方法，使测量值中的系统误差相互抵消，从而减小系统误差。

（1）消除恒定系统误差的方法

消除恒定系统误差的常用方法有以下几种：

1）反向补偿法：先在有恒定系统误差的状态下进行一次测量，再在该恒定系统误差影响相反的另一状态下测一次，取两次测量的平均值作为测量结果，这样，大小相同但符号相反的两恒定系统误差就在相加后再平均的计算中互相抵消了。

2）代替法：代替法的实质是在测量装置上对被测量测量后不改变测量条件，立即用一个标准量代替被测量，放到测量装置上再次进行测量，从而求出被测量与标准量的差值，即：被测量=标准量+差值。

如图5-5所示，利用该电路测量电阻 R_x 的值，测量 R_x 的误差与桥路参数的精度无

关，仅取决于标准电阻 R_N 的精度，因此可减小系统误差。

3）抵消法：这种方法要求进行两次测量，以便使两次读数时出现的系统误差大小相等，符号相反，取两次测得值的平均值，作为测量结果，即可消除系统误差。

4）交换法：这种方法是根据误差产生原因，将某些条件交换，以消除系统误差。如图 5-6 等臂天平称重，先将被测量 X 放于天平一侧，砝码放于另一侧，调至天平平衡，则有：$X=Pl_1/l_2$。若将 X 与 P 交换位置，由于 $l_1 \neq l_2$（存在恒定系统误差的缘故），天平将失去平衡。原砝码 P 调整 ΔP 才使天平再次平衡，于是有

$$X=\frac{(P+\Delta P)l_1}{l_2}$$

则

$$P'=P+\Delta P=\frac{l_2}{l_1}X$$

$$X=\sqrt{PP'}\approx\frac{(P+P')}{2}$$

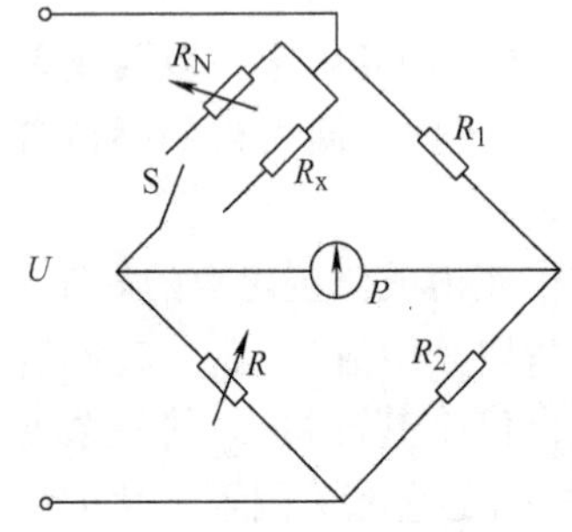

图 5-5　替代法减小系统误差原理图

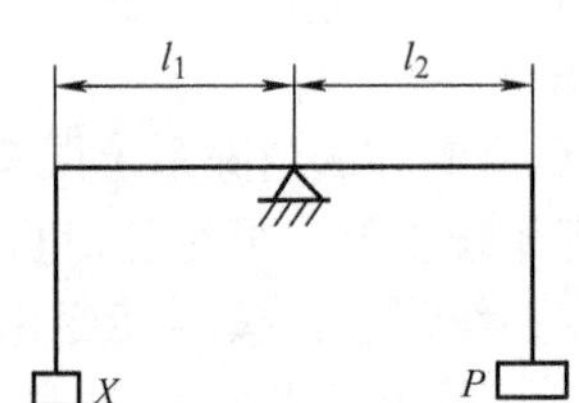

图 5-6　交换法消除系统误差原理图

（2）消除线性系统误差的对称法

对称法是消除线性系统误差的有效方法。如图 5-7 所示，随着时间的变化，被测量做线性增加，若选定某时刻为对称中点，则此对称点的系统误差算术平均值皆相等，即

$$\frac{x_1+x_5}{2}=\frac{x_2+x_4}{2}=x_3$$

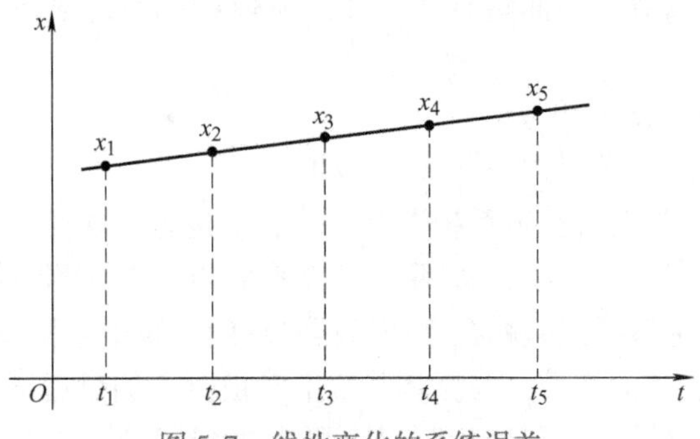

图 5-7　线性变化的系统误差

利用这一特点，可将测量对称安排，取各对称点两次读数的算术平均值作为测得值，即可消除线性系统误差。

(3) 消除周期性系统误差的半周期法

对周期性误差，可以相隔半个周期进行两次测量，取两次读数平均值，即可有效地消除周期性系统误差。周期性系统误差一般可表示为

$$\Delta l = a\sin\varphi$$

设 $\varphi = \varphi_1$时，误差为

$$\Delta l_1 = a\sin\varphi_1$$

$\varphi_2 = \varphi_1 + \pi$ 时，误差为

$$\Delta l_2 = a\sin(\varphi_1 + \pi) = -a\sin\varphi_1 = -\Delta l_1$$

取两次平均值则有

$$\frac{\Delta l_1 + \Delta l_2}{2} = \frac{\Delta l_1 - \Delta l_1}{2} = 0$$

由此可见半周期法能消除周期性系统误差。

(4) 消除复杂规律变化系统误差的方法

对于复杂规律变化的系统误差，可通过构造合适的数学模型，进行实验回归统计，对复杂规律变化的系统误差进行补偿和修正。

4. 组合测量法

采用组合测量等方法，使系统误差以尽可能多的组合方式出现于被测量中，使之具有偶然误差的抵偿性，即以系统误差随机化的方式消除其影响。

5.4　粗大误差与数据处理

在一系列重复测量数据中，如有个别数据与其他数据有明显差异，则它（或它们）很可能含有粗大误差（简称粗差），称其为可疑数据，记为 x_{d}。根据随机误差理论，出现大误差的概率虽然小，但也是可能的。如果不恰当剔除含大误差的数据，会造成测量精密度偏高的假象。反之如果对混有粗大误差的数据，即异常值，未加剔除，必然会造成测量精密度偏低的后果。以上两种情况都会严重影响对算术平均值的估计。因此，对数据中异常值的正确判断与处理，是获得客观的测量结果的一个重要方法。

5.4.1　粗大误差产生的原因

产生粗大误差的原因有很多种，大致可以归纳出以下几种原因。

1）测量人员的主观原因：由于测量者工作责任感不强、缺乏经验、操作不当，或在测量时不耐心、不仔细等，造成错误的读数或记录。

2）客观外界条件的原因：测量条件意外地改变（如机械冲击、外界振动、电磁干扰等）引起仪器显示数值或者被测对象发生变化引起的粗大误差。

5.4.2　判别粗大误差的准则

在测量完成后也不能确知数据中是否含有粗大误差，这时可采用统计的方法进行判别。统计法的基本思想是：给定一个显著性水平，按一定分布确定一个临界值，凡

超过这个界限的误差，就认为它不属于偶然误差的范围，而是粗大误差，该数据应予以剔除。通常用来判别粗大误差的准则如下。

1. 3σ 准则（莱特准则）

3σ 准则是最常用也是最简单的判别粗大误差的准则，它是以测量次数充分大为前提，但通常测量次数比较少，因此该准则只是一个近似的准则。实际测量中，常以贝塞尔公式算得 σ，以 $\bar{x}$ 代替真值。对某个可疑数据 x_d，若其残余误差满足 $|\nu_d| > 3\sigma$，则可认为该数据含有粗大误差，应予以剔除。

2. 格拉布斯准则

1950 年格拉布斯（Grubbs）根据顺序统计量的某种分布规律提出一种判别粗大误差的准则。对样本中仅混入一个异常值的情况，用格拉布斯准则检验的成功率最高。

设对某量做多次等精度独立测量，得x_1，x_2，…，x_n，当x_i服从正态分布时，计算得

$$\bar{x} = \frac{1}{n}\sum_{i=1}^{n} x_i$$

$$\nu_i = x_i - \bar{x}$$

$$\sigma = \sqrt{\frac{1}{n-1}\sum_{i=1}^{n}\nu_i^2}$$

为了检验x_i中是否含有粗大误差，将x_i按大小顺序排列成顺序统计量$x_{(i)}$，而$x_{(1)} \leqslant x_{(2)} \leqslant \cdots \leqslant x_{(n)}$。

格拉布斯导出了 $g_{(n)} = \frac{x_{(n)} - \bar{x}}{\sigma}$ 及 $g_{(1)} = \frac{\bar{x} - x_{(1)}}{\sigma}$ 的分布，选定显著性水平 α（一般为 0.05 或 0.01），可得表 5-3 所列的临界值$g_{(0)}$（n，α），而

$$P\left[\frac{x_{(n)} - \bar{x}}{\sigma} \geqslant g_{(0)}(n,\alpha)\right] = \alpha$$

及

$$P\left[\frac{\bar{x} - x_{(1)}}{\sigma} \geqslant g_{(0)}(n,\alpha)\right] = \alpha$$

若认为$x_{(1)}$可疑，则有 $g_{(1)} = \frac{\bar{x} - x_{(1)}}{\sigma}$；若认为$x_{(n)}$可疑，则有 $g_{(n)} = \frac{x_{(n)} - \bar{x}}{\sigma}$。

当 $g_{(1)} \geqslant g_{(0)}(n, \alpha)$ 或 $g_{(0)} \geqslant g_{(0)}(n, \alpha)$ 时，即判别该测量值含有粗大误差，应予以剔除。

表 5-3　格拉布斯检验临界值表

n	α		n	α	
	0.05	0.01		0.05	0.01
	$g_{(0)}$（n，α）			$g_{(0)}$（n，α）	
3	1.15	1.16	6	1.82	1.94
4	1.46	1.49	7	1.94	2.10
5	1.67	1.75	8	2.03	2.22

（续）

n	α		n	α	
	0.05	0.01		0.05	0.01
	$g_{(0)}$ $(n,\ \alpha)$			$g_{(0)}$ $(n,\ \alpha)$	
9	2.11	2.32	20	2.56	2.88
10	2.18	2.41	21	2.58	2.91
11	2.23	2.48	22	2.60	2.94
12	2.28	2.55	23	2.62	2.96
13	2.33	2.61	24	2.64	2.99
14	2.37	2.66	25	2.66	3.01
15	2.41	2.70	30	2.74	3.10
16	2.44	2.75	35	2.81	3.18
17	2.48	2.78	40	2.87	3.24
18	2.50	2.82	50	2.96	3.34
19	2.53	2.85	100	3.17	3.59

3. 狄克松准则

1950年狄克松（Dixon）提出另一种无须估算 $\bar{x}$ 和 σ 的方法，它是根据测量数据按大小排列后的顺序差来判别是否存在粗大误差。用Dixon准则判断样本数据中混有一个以上异常值的情形效果较好。以下介绍一种狄克松双侧检验准则。

设正态测量总体的一个样本x_1，x_2，…，x_n，将x_i按大小顺序排列成顺序统计量$x_{(i)}$，即$x_{(1)} \leqslant x_{(2)} \leqslant \cdots \leqslant x_{(n)}$。计算最大值$x_n$和最小值$x_1$得统计量，见表5-4。选定显著性水平 α，得到统计量临界值$r_{(0)}$（n，α）（见表5-4）。当测量值的统计值r_{ij}大于临界值，则认为x_n或x_1含有粗大误差。

对不同的测量次数，应选用相应的统计量，才能收到良好的效果。对于 $n \leqslant 7$ 时，使用r_{10}效果更好，$8 \leqslant n \leqslant 10$，使用$r_{11}$效果更好，$11 \leqslant n \leqslant 13$，使用$r_{21}$效果更好，$n \geqslant 14$ 时，使用r_{22}效果更好。

表5-4　狄克松检验临界值表

统计量	n	α	
		0.01	0.05
		$r_{(0)}$ $(n,\ \alpha)$	
$r_{10} = \dfrac{x_{(n)} - x_{(n-1)}}{x_{(n)} - x_{(1)}}$ $r'_{10} = \dfrac{x_{(1)} - x_{(2)}}{x_{(1)} - x_{(n)}}$	3	0.988	0.941
	4	0.889	0.765
	5	0.780	0.642
	6	0.698	0.560
	7	0.637	0.507

（续）

统计量	n	α	
		0.01	0.05
		$r_{(0)}$（n，α）	
$r_{11}=\frac{x_{(n)}-x_{(n-1)}}{x_{(n)}-x_{(2)}}$ $r'_{11}=\frac{x_{(1)}-x_{(2)}}{x_{(1)}-x_{(n-1)}}$	8	0.683	0.554
	9	0.635	0.512
	10	0.597	0.477
$r_{21}=\frac{x_{(n)}-x_{(n-2)}}{x_{(n)}-x_{(2)}}$ $r'_{21}=\frac{x_{(1)}-x_{(3)}}{x_{(1)}-x_{(n-1)}}$	11	0.679	0.576
	12	0.642	0.546
	13	0.615	0.521
$r_{22}=\frac{x_{(n)}-x_{(n-2)}}{x_{(n)}-x_{(3)}}$ $r'_{22}=\frac{x_{(1)}-x_{(3)}}{x_{(1)}-x_{(n-2)}}$	14	0.641	0.546
	15	0.616	0.525
	16	0.595	0.507
	17	0.577	0.490
	18	0.561	0.475
	19	0.547	0.462
	20	0.535	0.450
	21	0.524	0.440
	22	0.514	0.430
	23	0.505	0.421
	24	0.497	0.413
	25	0.489	0.406

4. 罗曼诺夫斯基准则

当测量次数较少时，按 t 分布的实际误差分布范围来判别粗大误差较为合理。罗曼诺夫斯基准则又称 t 检验准则，其特点是首先剔除一个可疑的测得值，然后按 t 分布检验被剔除的值是否含有粗大误差。设对某量做多次等精度测量，得x_1，x_2，…，x_n，若认为测量值x_j为可疑数据，将其剔除后计算平均值为（计算时不包括x_j）

$$\bar{x}=\frac{1}{n-1}\sum_{i=1,i\neq j}^{n}x_i$$

并求得测量列的标准差（计算时不包括v_j）为

$$\sigma=\sqrt{\frac{1}{n-2}\sum_{i=1,i\neq j}^{n}\nu_i^2}$$

根据测量次数 n 和选取的显著性水平 α，即可由表 5-5 查得 t 分布的检验系数 $K(n,\ \alpha)$。

表 5-5 t 分布检验系数表

n	α		n	α		n	α	
	0.05	0.01		0.05	0.01		0.05	0.01
4	4.97	11.46	13	2.29	3.23	22	2.14	2.91
5	3.56	6.53	14	2.26	3.17	23	2.13	2.90
6	3.04	5.04	15	2.24	3.12	24	2.12	2.88
7	2.78	4.36	16	2.22	3.08	25	2.11	2.86
8	2.62	3.96	17	2.20	3.04	26	2.10	2.85
9	2.51	3.71	18	2.18	3.01	27	2.10	2.84
10	2.43	3.54	19	2.17	3.00	28	2.09	2.83
11	2.37	3.41	20	2.16	2.95	29	2.09	2.82
12	2.33	3.31	21	2.15	2.93	30	2.08	2.81

若

$$|x_j - \bar{x}| > K\sigma \tag{5-23}$$

则认为测量值x_j含有粗大误差，剔除x_j是正确的，否则认为x_j不含有粗大误差，应予保留。

四种粗大误差的判别准则，根据前人的实践经验，建议按如下几点考虑去具体应用。

1）大样本情况（$n>50$）用 3σ 准则简单方便，测量次数较少的情况下，这种判别准则的可靠性不高，但它使用简便，不需要查表，故在要求不高时经常使用。测量次数较少（$30 \leqslant n \leqslant 50$）而要求较高的情形，用格拉布斯准则的效果较好、可靠性最高。测量次数少（$3 \leqslant n < 30$）的情形，格拉布斯准则适于剔除一个异常值，狄克松准则适于剔除一个以上异常值。测量次数很少时，可采用罗曼诺夫斯基准则。

2）在较为精密的实验场合，可以选用二、三种准则同时判断，当一致认为某值应剔除或保留时，则可以放心地加以剔除或保留。当几种方法的判断结果有矛盾时，则应慎重考虑，一般以不剔除为妥。因为留下某个怀疑的数据后算出的 σ 只是偏大一点，这样较为安全。另外，可以再增添测量次数，以消除或减少它对平均值的影响。

5.4.3 防止与消除粗大误差的方法

对粗大误差，除了设法从测量结果中发现和鉴别而加以剔除外，更重要的是要加强测量者的工作责任心和以严格的科学态度对待测量工作；此外，还要保证测量条件的稳定，避免在外界条件发生激烈变化时进行测量。如能达到以上要求，一般情况下是可以防止粗大误差产生的。

在某些情况下，为了及时发现与防止测得值中含有粗大误差，可采用不等精度测量和互相之间进行校核的方法。例如对某一测量值，可由两位测量者进行测量、读数和记录；用两种不同仪器或两种不同测量方法进行测量。

5.5 函数误差

间接测量按一定的函数关系，由一个或多个直接测量量计算出另一个物理量。因此，间接测得的被测量的误差也应该是通过直接测量得到的测量值及其误差的函数，故称这种间接测量的误差为函数误差。

5.5.1 函数系统误差计算

对于通过间接测量得到的测量值 y，有以下函数：

$$y=f(x_1,x_2,\cdots,x_n)$$

式中，x_1，x_2，…，x_n 是与被测量有函数关系的各个直接测量值。

对于上述函数 y 求全微分，得到：

$$\mathrm{d}y=\frac{\partial f}{\partial x_1}\mathrm{d}x_1+\frac{\partial f}{\partial x_2}\mathrm{d}x_2+\cdots+\frac{\partial f}{\partial x_n}\mathrm{d}x_n \tag{5-24}$$

则可以推导出函数系统误差 Δy 的计算公式为

$$\Delta y=\frac{\partial f}{\partial x_1}\Delta x_1+\frac{\partial f}{\partial x_2}\Delta x_2+\cdots+\frac{\partial f}{\partial x_n}\Delta x_n \tag{5-25}$$

按最不利原则估算为

$$\Delta y=\left|\sum_{i=1}^{n}\frac{\partial f}{\partial x_i}\Delta x_i\right|$$

式中，$\partial f/\partial x_i(i=1,2,\cdots,n)$ 为各个输入量 $(x_1,x_2,\cdots,x_n)$ 在该测量点处的误差传播系数。当 Δx_i 和 Δy 的量纲或单位相同时，起到误差放大或缩小的作用；量纲或单位不相同，起到误差单位换算的作用。

5.5.2 函数随机误差计算

当变量中仅存在随机误差时，即

$$y+\delta y=f(x_1+\delta x_1,x_2+\delta x_2,\cdots,x_n+\delta x_n)$$

将上式进行泰勒展开，并取其一阶项作为近似值，有

$$y+\delta y=f(x_1,x_2,\cdots,x_n)+\frac{\partial f}{\partial x_1}\delta x_1+\frac{\partial f}{\partial x_2}\delta x_2+\cdots+\frac{\partial f}{\partial x_n}\delta x_n \tag{5-26}$$

消去等式两边的函数项，得到

$$\delta y=\frac{\partial f}{\partial x_1}\delta x_1+\frac{\partial f}{\partial x_2}\delta x_2+\cdots+\frac{\partial f}{\partial x_n}\delta x_n \tag{5-27}$$

两边同时平方，得到函数的标准差为

$$\sigma_y^2=\left(\frac{\partial f}{\partial x_1}\right)^2\sigma_{x1}^2+\left(\frac{\partial f}{\partial x_2}\right)^2\sigma_{x2}^2+\cdots+\left(\frac{\partial f}{\partial x_n}\right)^2\sigma_{xn}^2+2\sum_{1\leqslant i<j}^{n}\left(\frac{\partial f}{\partial x_i}\frac{\partial f}{\partial x_j}D_{ij}\right) \tag{5-28}$$

式中，$D_{ij}=\rho_{ij}\sigma_{xi}\sigma_{xj}$ 称为第 i 个测量值和第 j 个测量值之间的协方差，σ_{xi} 为第 i 个直接测得量 x_i 的标准差，ρ_{ij} 为第 i 个测量值和第 j 个测量值之间的相关系数；$\partial f/\partial x_i$ 称为第 i 个直接测得量 x_i 对间接量 y 在该测量点处的误差传播系数。

若各测量值的随机误差是相互独立的，相关系数 $\rho_{ij}=0$，则有

$$\sigma_y=\sqrt{\left(\frac{\partial f}{\partial x_1}\right)^2\sigma_{x1}^2+\left(\frac{\partial f}{\partial x_2}\right)^2\sigma_{x2}^2+\cdots+\left(\frac{\partial f}{\partial x_n}\right)^2\sigma_{xn}^2} \tag{5-29}$$

令 $\partial f/\partial x_i=a_i$，当各个测量值的随机误差都为正态分布时，标准差可用极限误差代替，可得函数的极限误差公式为

$$\delta_y=\sqrt{a_1^2\delta_{x1}^2+a_2^2\delta_{x2}^2+\cdots+a_n^2\delta_{xn}^2} \tag{5-30}$$

5.5.3　误差间的相关系数

通过上一节我们知道，函数随机误差公式为

$$\sigma_y^2=\left(\frac{\partial f}{\partial x_1}\right)^2\sigma_{x1}^2+\left(\frac{\partial f}{\partial x_2}\right)^2\sigma_{x2}^2+\cdots+\left(\frac{\partial f}{\partial x_n}\right)^2\sigma_{xn}^2+2\sum_{1\leqslant i<j}^{n}\left(\frac{\partial f}{\partial x_i}\frac{\partial f}{\partial x_j}\rho_{ij}\sigma_{xi}\sigma_{xj}\right)$$

式中，ρ_{ij}为相关系数，反映了各随机误差分量相互间的线性关联对函数总误差的影响。

当 $\rho_{ij}=0$ 时，$\sigma_y=\sqrt{a_1^2\sigma_{x1}^2+a_2^2\sigma_{x2}^2+\cdots+a_n^2\sigma_{xn}^2}$；

当 $\rho_{ij}=\pm1$ 时，$\sigma_y=\left|a_1\sigma_{x1}+a_2\sigma_{x2}+\cdots+a_n\sigma_{xn}\right|$，函数标准差与各随机误差分量标准差之间具有线性的传播关系。

那么该如何确定不同变量之间的相关系数呢？通常有以下几种方法。

（1）观察法

当满足以下条件时，可直接判定 $\rho_{ij}=0$。

1）断定 x_i 与 x_j 两分量之间没有相互依赖关系的影响。

2）当一个分量依次增大时，引起另一个分量呈正负交替变化，反之亦然。

3）x_i 与 x_j 属于完全不相干的两类体系分量，如人员操作引起的误差分量与环境湿度引起的误差分量。

4）x_i 与 x_j 虽相互有影响，但其影响甚微，视为可忽略不计的弱相关。

当满足以下条件时，可直接判定 $\rho_{ij}=\pm1$。

1）断定 x_i 与 x_j 两分量间近似呈现正的线性关系或负的线性关系。

2）当一个分量依次增大时，引起另一个分量依次增大或减小，反之亦然。

3）x_i 与 x_j 属于同一体系的分量，如用1m基准尺测量2m的尺子时，则各米分量间完全正相关。

（2）计算法

根据（x_i，x_j）的多组测量的对应值（x_{ik}，x_{jk}），按如下统计公式计算相关系数

$$\rho(x_i,x_j)=\frac{\sum_k(x_{ik}-\bar{x}_i)(x_{jk}-\bar{x}_j)}{\sqrt{\sum_k(x_{ik}-\bar{x}_i)^2\sum_k(x_{jk}-\bar{x}_j)^2}} \tag{5-31}$$

式中，$\bar{x}_i$、$\bar{x}_j$ 分别为 x_{ik}、x_{jk}的算数平均值。

5.6　误差的合成

任何测量结果都包含一定的测量误差，这是测量过程中各个环节一系列误差因素

作用的结果。误差合成就是在正确地分析和综合这些误差因素的基础上，正确地表述这些误差的综合影响。

5.6.1 随机误差的合成

随机误差的合成一般基于标准差方和根合成的方法，其中还要考虑到误差传播系数以及各个误差之间的相关性影响。

1. 标准差的合成

合成标准差表达式为

$$\sigma = \sqrt{\sum_{i=1}^{q}(a_i\sigma_i)^2 + 2\sum_{1\leqslant i<j}^{q}\rho_{ij}a_ia_j\sigma_i\sigma_j} \tag{5-32}$$

式中，误差传播系数 a_1，a_2，…，a_q 由间接测量的显函数模型求得或根据实际经验给出，也可知道影响测量结果的误差因素 $\Delta y_i = a_i\sigma_i$ 而不知道单独的值。

若各个误差互不相关，即相关系数 $\rho_{ij}=0$，则合成标准差为

$$\sigma = \sqrt{\sum_{i=1}^{q}(a_i\sigma_i)^2} \tag{5-33}$$

如果视各个误差分量的量纲与总误差量的量纲都一致，或各个误差分量已经折算为影响函数误差相同量纲的分量，则传播系数 $a_i=1$，此时合成标准差为

$$\sigma = \sqrt{\sum_{i=1}^{q}\sigma_i^2} \tag{5-34}$$

2. 极限误差的合成

单项极限误差为

$$\delta_i = k_i\sigma_i,\ i=1,2,\cdots,q$$

式中，σ_i 为单项随机误差的标准差；k_i 为单项极限误差的置信系数。

合成极限误差的计算公式形如单项极限误差，即

$$\delta = k\sigma = k\sqrt{\sum_{i=1}^{q}\left(\frac{a_i\delta_i}{k_i}\right)^2 + 2\sum_{1\leqslant i<j}^{q}\rho_{ij}a_ia_j\frac{\delta_i}{k_i}\frac{\delta_j}{k_j}} \tag{5-35}$$

其中各个置信系数 k_i 和 k 不仅与置信概率有关，而且与随机误差的分布有关，对于相同分布的误差，选定相同的置信概率，其相应的各个置信系数相同；反之对于不同分布的误差，即使选定相同的置信概率，其相应的各个置信系数也不相同。

当各个单项随机误差均服从正态分布时，各单项误差的数目 q 较多、各项误差大小相近和独立时，此时合成的总误差也接近于正态分布，即

$$k_1 = k_2 = \cdots = k_q = k$$

合成极限误差为

$$\delta = \sqrt{\sum_{i=1}^{q}(a_i\delta_i)^2 + 2\sum_{1\leqslant i<j}^{q}\rho_{ij}a_ia_j\delta_i\delta_j} \tag{5-36}$$

若 $\rho_{ij}=0$ 且 $a_i=1$ 时

$$\delta = \sqrt{\sum_{i=1}^{q} \delta_i^2} \tag{5-37}$$

由于各单项误差大多服从正态分布或近似服从正态分布，而且它们之间常是线性无关或近似线性无关，因此该式是较为广泛使用的极限误差合成公式。

5.6.2 系统误差的合成

1. 已定系统误差的合成

误差大小和方向均已确切掌握了的系统误差称为已定系统误差，用符号“Δ”表示，按照代数和的方法进行合成，即

$$\Delta = \sum_{i}^{r} a_i \Delta_i \tag{5-38}$$

其中，Δ_i为第 i 个系统误差，a_i为其传递系数。

系统误差可以在测量过程中消除，也可在合成后的测量结果中消除。

2. 未定系统误差的合成

误差大小和方向未能确切掌握，而只能或者只需估计出其不致超过某一范围 $\pm e$ 的系统误差称为未定系统误差，其中极限误差用“e”表示，标准差用“u”表示。

未定系统误差在测量条件不变时为一恒定值，多次重复测量时其值固定不变，因而单项系统误差在重复测量中不具有抵偿性。当测量条件改变时，未定系统误差的取值在某极限范围内具有随机性，且服从一定的概率分布，具有随机误差的特性，可以采用随机误差的合成公式进行合成。

（1）按标准差合成　若测量过程中有 s 个单项未定系统误差，它们的标准差分别为 u_1，u_2，…，u_s，其相应的误差传递系数为 a_1，a_2，…，a_s，则合成后未定系统误差的总标准差 u 为

$$u = \sqrt{\sum_{i=1}^{s} (a_i u_i)^2 + 2\sum_{1 \leqslant i < j}^{s} \rho_{ij} a_i a_j u_i u_j} \tag{5-39}$$

当相关系数 $\rho_{ij}=0$ 时

$$u = \sqrt{\sum_{i=1}^{s} (a_i u_i)^2} \tag{5-40}$$

（2）按极限误差合成　因为各个单项未定系统误差的极限误差为

$$e_i = \pm t_i u_i,\ i = 1,2,\cdots,s$$

若总的未定系统误差极限误差表示为

$$e = \pm tu \tag{5-41}$$

则由各单项未定系统误差标准差得到的合成未定系统误差极限误差为

$$e = \pm t\sqrt{\sum_{i=1}^{s} (a_i u_i)^2 + 2\sum_{1 \leqslant i < j}^{s} \rho_{ij} a_i a_j u_i u_j} \tag{5-42}$$

或者，由各单项未定系统误差极限误差得到的合成未定系统误差极限误差为

$$e = \pm t\sqrt{\sum_{i=1}^{s}\left(\frac{a_i e_i}{t_i}\right)^2 + 2\sum_{1\leqslant i<j}^{s}\rho_{ij}a_i a_j\frac{e_i}{t_i}\frac{e_j}{t_j}} \tag{5-43}$$

当各个单项未定系统误差均服从正态分布，且相互间独立无关，即 $\rho_{ij}=0$，则式(5-43) 可简化为

$$u = \pm t\sqrt{\sum_{i=1}^{s}(a_i e_i)^2} \tag{5-44}$$

5.6.3 系统误差和随机误差的合成

系统误差和随机误差的合成也可按照：标准差形式、极限误差形式这两种形式合成。

1. 按标准差合成

用标准差来表示系统误差和随机误差的合成公式时，只考虑未定系统误差与随机误差的合成。

(1) 单次测量情况

测量过程中，假定有 s 个单项未定系统误差，q 个单项随机误差，它们的标准差分别为

$$u_1, u_2, \cdots, u_s$$
$$\sigma_1, \sigma_2, \cdots, \sigma_q$$

若各个误差的传递系数取 1，则测量结果总的标准差为

$$\sigma = \sqrt{\sum_{i=1}^{s}u_i^2 + \sum_{i=1}^{q}\sigma_i^2 + R} \tag{5-45}$$

式中，R 为各个误差之间的协方差之和。

当各个误差均服从正态分布，且各个误差间互不相关时，测量结果总标准差为

$$\sigma = \sqrt{\sum_{i=1}^{s}u_i^2 + \sum_{i=1}^{q}\sigma_i^2} \tag{5-46}$$

(2) n 次重复测量情况

当每项误差都进行 n 次重复测量时，由于随机误差间具有抵偿性、系统误差（包括未定系统误差）不存在抵偿性，总误差合成公式中的随机误差项应除以重复测量次数 n。总极限误差为

$$\sigma = \pm\sqrt{\sum_{i=1}^{s}u_i^2 + \frac{1}{n}\sum_{i=1}^{q}\sigma_i^2} \tag{5-47}$$

2. 按极限误差合成

(1) 单次测量情况

测量过程中，假定有 r 个单项已定系统误差，s 个单项未定系统误差，q 个单项随机误差。它们的误差值或极限误差分别为

$$\Delta_1, \Delta_2, \cdots, \Delta_r$$
$$e_1, e_2, \cdots, e_s$$
$$\delta_1, \delta_2, \cdots, \delta_q$$

若各个误差的传递系数取 1，则测量结果总的极限误差为

$$\Delta_{总} = \sum_{i=1}^{r} \Delta_i \pm t \sqrt{\sum_{i=1}^{s} \left(\frac{e_i}{t_i}\right)^2 + \sum_{i=1}^{q} \left(\frac{\delta_i}{t_i}\right)^2 + R} \tag{5-48}$$

式中，R 为各个误差协方差之和。

当各个误差均服从正态分布，且各个误差间互不相关时，测量结果总的极限误差可简化为

$$\Delta_{总} = \sum_{i=1}^{r} \Delta_i \pm \sqrt{\sum_{i=1}^{s} e_i^2 + \sum_{i=1}^{q} \delta_i^2} \tag{5-49}$$

一般情况下，已定系统误差经修正后，测量结果总的极限误差就是总的未定系统误差与总的随机误差的方均根值，即

$$\Delta_{总} = \pm \sqrt{\sum_{i=1}^{s} e_i^2 + \sum_{i=1}^{q} \delta_i^2} \tag{5-50}$$

（2）n 次重复测量情况

当每项误差都进行 n 次重复测量时，由于随机误差间具有抵偿性、系统误差（包括未定系统误差）不存在抵偿性，总误差合成公式中的随机误差项应除以重复测量次数 n。总极限误差为

$$\Delta_{总} = \pm \sqrt{\sum_{i=1}^{s} e_i^2 + \frac{1}{n}\sum_{i=1}^{q} \delta_i^2} \tag{5-51}$$

5.7　误差的分配

任何测量过程都包含多项误差，测量结果的总误差则由各单项误差的综合影响确定。误差分配就是给定测量结果允许的总误差，合理确定各个单项误差。在进行测量工作前，应根据给定测量总误差的允差来选择测量方案，合理进行误差分配，确定各单项误差，以保证测量精度。为便于说明误差分配原理，这里只研究间接测量的函数误差分配，但其基本原理也适用于一般测量的误差分配。

对于函数的已定系统误差，可用修正方法来消除，不必考虑各个测量值已定系统误差的影响，而只需研究随机误差和未定系统误差的分配问题，且在误差分配时，随机误差和未定系统误差同等看待。

假设各误差因素皆为随机误差，且互不相关，有

$$\sigma_y = \sqrt{D_1^2 + D_2^2 + \cdots + D_n^2} \tag{5-52}$$

式中，D_i 称为部分误差或局部误差，$D_i = \dfrac{\partial f}{\partial x_i}\sigma_i = a_i\sigma_i$。若已经给定 σ_y，如何确定 D_i 或相应的 σ_i，使其满足

$$\sqrt{\sigma_{y1}^2 + \sigma_{y2}^2 + \cdots + \sigma_{yn}^2} \leqslant \sigma_y \tag{5-53}$$

显然，式中 σ_i 可以是任意值，为不确定解。

1. 按等影响原则分配误差

等影响原则认为各分项误差对函数误差的影响相等，即

$$\sigma_{y1}=\sigma_{y2}=\cdots=\sigma_{yn}=\frac{\sigma_y}{\sqrt{n}} \tag{5-54}$$

由此可得

$$\sigma_i=\frac{\sigma_y}{\sqrt{n}}\frac{1}{\partial f/\partial x_i}=\frac{\sigma_y}{\sqrt{n}}\frac{1}{a_i} \tag{5-55}$$

或用极限误差表示为

$$\delta_i=\frac{\delta}{\sqrt{n}}\frac{1}{\partial f/\partial x_i}=\frac{\delta}{\sqrt{n}}\frac{1}{a_i} \tag{5-56}$$

式中，δ 为函数的总极限误差，δ_i为各单项误差的极限误差。

2. 按可能性调整误差

按等作用原则分配误差可能具有不合理性，这是因为对各分项误差平均分配的结果，会造成对部分测量误差的需求实现颇感容易，而对另一些测量误差的要求难以达到。这样，势必需要用昂贵的高准确度等级的仪器，或者以增加测量次数及测量成本为代价。另外，当各个部分误差一定时，相应测量值的误差与其传播系数成反比。所以各个部分误差相等，相应测量值的误差并不相等，有时可能相差较大。

所以需要在等影响原则分配误差的基础上，根据具体情况进行适当调整。对难以实现测量的误差项适当扩大，对容易实现的误差项尽可能缩小，其余误差项不予调整。

3. 验算调整后的总误差

误差按等作用原理确定后，应按照误差合成公式计算实际总误差，若超出给定的允许误差范围，应选择可能缩小的误差项再进行缩小。若实际总误差较小，可适当扩大难以实现的误差项的误差，合成后与要求的总误差进行比较，直到满足要求为止。

例：根据欧姆定律间接测量电流。现测得电压 $U=12\text{V}$，$R=300\Omega$，要求电流的测量误差 $\Delta I\leqslant 500\mu\text{A}$，问 U 和 R 测量误差应限制在多大范围？

解：（1）按等作用原则分配误差

$I=f(U,R)=U/R$，设 U、R 对 I 影响相同，变量数 $m=2$，则

$$\frac{\partial I}{\partial U}=\frac{1}{R},\ \Delta U\leqslant\frac{\Delta I}{\sqrt{m}\frac{1}{R}}=\frac{\Delta I}{\sqrt{2}}R=\pm\frac{500\times10^{-6}}{\sqrt{2}}\times300\text{V}=\pm0.106\text{V}$$

$$\frac{\partial I}{\partial R}=\frac{-U}{R^2},\ \Delta R\leqslant\frac{-\Delta I}{\sqrt{m}\frac{U}{R^2}}=\frac{\Delta I}{\sqrt{2}}\frac{-R^2}{U}=\pm\frac{500\times10^{-6}}{\sqrt{2}}\times\frac{300^2}{12}\Omega=\pm2.652\Omega$$

表示成相对误差，则

$$\frac{\Delta I}{I}=\pm\frac{500\times10^{-6}}{40\times10^{-3}}=\pm1.25\%,\ \frac{\Delta U}{U}=\pm\frac{0.106}{12}=\pm0.883\%,\ \frac{\Delta R}{R}=\pm\frac{2.652}{300}=\pm0.884\%$$

（2）按可能性调整误差

实际上电阻测量难以达到0.884%精度，故将电阻相对误差调至$\frac{\Delta R}{R}=\pm1.0\%$，则

$\Delta R = \pm 300 \times 1.0\%\ \Omega = \pm 3.00\Omega$，电压相对误差$\dfrac{\Delta U}{U} = 1.25\% - 1.00\% = 0.25\%$，$\Delta U = 12 \times 0.25\%\ \text{V} = 0.030\text{V}$，即

相对误差 $\dfrac{\Delta R}{R} \leqslant \pm 1.0\%$，$\dfrac{\Delta U}{U} \leqslant 0.25\%$，$\dfrac{\Delta I}{I} \leqslant 1.25\%$

绝对误差 $\Delta R \leqslant 3.00\Omega$， $\Delta U \leqslant 0.03\text{V}$， $\Delta I \leqslant 500\mu\text{A}$

标称值 $R = 300\Omega$， $U = 12\text{V}$， $I = 40\text{mA}$

（3）验算调整后的总误差

$$\Delta I = \sqrt{\left(\frac{\partial I}{\partial u}\right)^2 \Delta U^2 + \left(\frac{\partial I}{\partial R}\right)^2 \Delta R^2} = 412\mu\text{A} < 500\mu\text{A}$$

因此，R 测量误差应限制为 1.0%，U 测量误差应限制为 0.25%。

5.8 微小误差取舍原则

微小误差是指测量过程包含多种误差时，当某个误差对测量结果总误差的影响可以忽略不计时的误差。为了确定误差数值小到什么程度才可作为微小误差而舍去，这就需要给出一个微小误差的取舍原则。

已知测量结果的标准差为

$$\sigma_y = \sqrt{D_1^2 + D_2^2 + \cdots + D_{k-1}^2 + D_k^2 + D_{k+1}^2 + \cdots + D_n^2}$$

若将其中的部分误差 D_k 取出后，则得

$$\sigma_y = \sqrt{D_1^2 + D_2^2 + \cdots + D_{k-1}^2 + D_{k+1}^2 + \cdots + D_n^2}$$

如果 $\sigma_y \approx \sigma_y'$，则称 D_k 为微小误差。

当测量误差的有效数字取一位时，某项部分误差舍去后，满足 $\sigma_{yk} \leqslant (0.4 \sim 0.3)\ \sigma_y$ 或 $\sigma_{yk} \leqslant \sigma_y/3$，则 σ_{yk}对测量结果的误差计算没有影响；当测量误差的有效数字取二位时，某项部分误差舍去后，满足 $\sigma_{yk} \leqslant (0.14 \sim 0.1)\ \sigma_y$ 或 $\sigma_{yk} \leqslant \sigma_y/10$，则 σ_{yk}可视为微小分量。

对于随机误差和未定系统误差，微小误差舍去准则是被舍去的误差必须小于或等于测量结果总标准差的 1/10 ~ 1/3。对于已定系统误差，按 1/100 ~ 1/10 原则取舍。也就是在计算总误差或进行误差分配时，若发现有微小误差，可不计算该项误差对总误差的影响。

5.9 最佳测量方案的确定

当测量结果与多个测量因素有关时，采用什么方法确定各个因素，才能使测量结果的误差最小，这就是最佳测量方案的确定问题。

因为已定系统误差可以通过误差修正的方法来消除，所以设计最佳测量方案时，只需考虑随机误差和未定系统误差的影响。以研究间接测量中使函数误差为最小的最佳测量方案为例，函数的标准差为

$$\sigma_y = \sqrt{\left(\frac{\partial f}{\partial x_1}\right)^2 \sigma_{x1}^2 + \left(\frac{\partial f}{\partial x_2}\right)^2 \sigma_{x2}^2 + \cdots + \left(\frac{\partial f}{\partial x_n}\right)^2 \sigma_{xn}^2}$$

欲使 σ_y 为最小，可从以下几方面来考虑。

1. 选择最佳函数误差公式

间接测量中如果可由不同的函数公式来表示，则应选取包含直接测量值最小的函数公式。不同的数学公式所包含的直接测量值数目相同，则应选取误差较小的直接测量值的函数公式。

2. 使误差传播系数尽量小

由函数误差公式可知，若使各个测量值对函数的误差传播系数$\partial f/\partial x_i = 0$或为最小，则函数误差可相应减少。根据这个原则，对某些测量实践，尽管有时不可能达到使$\frac{\partial f}{\partial x_i}$等于零的测量条件，但却指出了达到最佳测量方案的趋向。

第6章 测试系统抗干扰技术

在测试系统中，携带信息的信号在传输过程的各个环节不可避免要受到各种类型干扰，使信号波形发生畸变。干扰是限制系统性能的不利因素。信号检测理论的核心问题就是如何有效克服干扰的不利影响，如何最有效地从干扰中提取信号。

6.1 信号与干扰

6.1.1 信号与干扰的定义

1）信号：是与一定的物理现象相关联，并且传递数据的时间函数，是运载信息的工具。对于同一信号，可以包含多种信息内容。

2）信息：是指信号中所包含的内容和意义。如，生产过程中温度、压力、流量等变化的信息，可以转换成电压或电流信号加以传递。

3）干扰：是指测试系统内部噪声和外部扰动产生的不期望信号，并叠加在有用信号上。

信号随时间变化的规律可以用明确的数学关系描述，如正弦信号、单位阶跃信号、单位脉冲信号等。对规律性信号进行重复测量，可得到相同的测量结果。

干扰和一般信号不同，是随机过程，为非确定性信号，随时间变化规律无法用确定的数学关系式描述。对随机信号重复测量也无法得出相同结果，无法预测某任意时刻的精确数值。

一般接收到的混合波形 $x(t)$ 是由信号 $s(t)$ 与干扰 $n(t)$ 叠加而成，即 $x(t)=s(t)+n(t)$。

6.1.2 信号与干扰的度量

1. 信号的能量与功率

如果信号的能量是有限的，则称为有限能量信号，简称能量信号。能量信号是一种脉冲式信号，它通常只存在于有限的时间间隔内。当然还有一些信号它们存在于无限时间间隔内，但其能量的主要部分集中在有限时间间隔内，对于这样的信号也称为能量信号，即

$$\int_{-\infty}^{+\infty} |f(t)|^2 \mathrm{d}t < \infty \tag{6-1}$$

一般一个信号不是周期信号，那么它在有限时间内能量是确定的。

如果信号的功率是有限的，则称为功率有限信号，简称功率信号。功率信号是一

种平均功率大于零且有限的信号，如周期信号、阶跃信号、随机信号，但其能量无限，即

$$\lim_{T\to\infty}\frac{1}{T}\int_{-\frac{T}{2}}^{\frac{T}{2}}|f(t)|^2\mathrm{d}t<\infty \tag{6-2}$$

2. 信噪比与信噪改善比

信噪比（Signal-Noise Ratio，SNR 或 S/N），是指测试设备或系统中信号幅值与噪声幅值的比值。信噪比一般采用对数形式表示，单位为 dB，即

$$\frac{S}{N}=10\lg\frac{P_s}{P_n}=20\lg\frac{U_s}{U_n} \tag{6-3}$$

式中，P_s 为有用信号功率，P_n 为噪声功率；U_s 为信号电压的有效值，U_n 为噪声电压的有效值。

信噪改善比（Signal to Interference plus Noise Ratio，SINR），是指信号通过一个放大器或测试系统，信噪比得到改善的程度。信噪改善比衡量系统本身的噪声引入情况；信噪改善比越高，表明系统检测微弱信号的能量越强，即

$$\mathrm{SINR}=\frac{\mathrm{SNR_o}}{\mathrm{SNR_i}} \tag{6-4}$$

式中，$\mathrm{SNR_o}$ 为系统输出的信噪比，$\mathrm{SNR_i}$ 为系统输入的信噪比。

6.2 干扰的产生

影响电气测试系统正常工作的各种因素统称为“干扰”。干扰不但会影响设备性能，而且会造成差错，影响研究结果，甚至引起事故。测试系统的干扰主要有机械干扰、热干扰、光干扰、温度变化干扰、化学干扰、电磁干扰、射线辐射干扰等，如图 6-1所示。

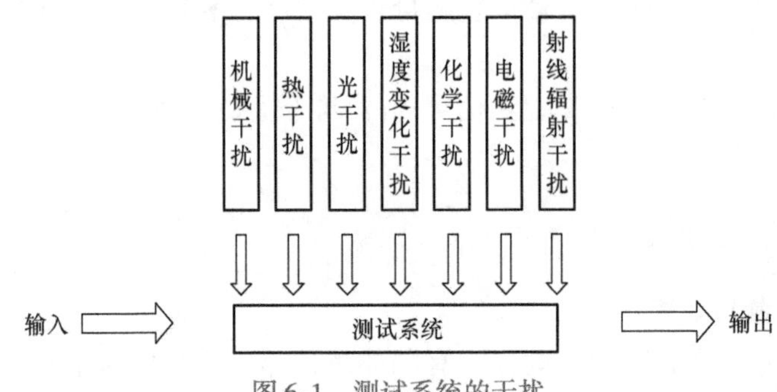

图 6-1 测试系统的干扰

6.2.1 干扰的来源

干扰的来源可能是多样的，按照干扰来源与系统本身的关系，可以把干扰分为外部干扰与内部干扰。

1. 外部干扰

外部干扰（见图6-2）与系统结构无关，是由使用条件和外部环境因素决定的。

主要有电气测试系统周围强电设备的启动和工作过程中产生的干扰电磁场，来自空间传播的电磁波和雷电的干扰，以及高压输电线周围交变磁场的影响等。

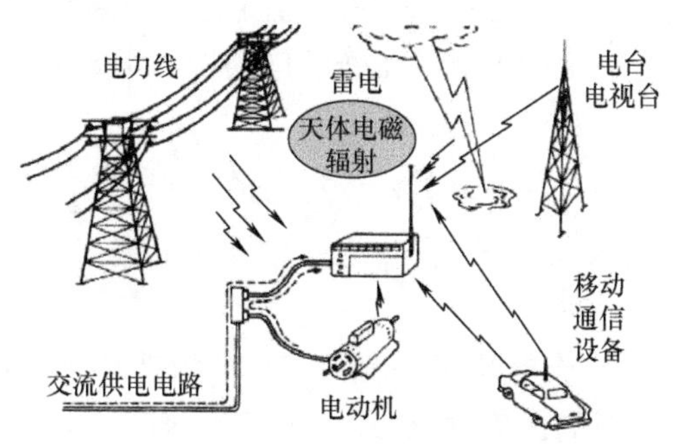

图6-2 外部干扰

2. 内部干扰

内部干扰是由系统的结构布局、线路设计、元器件性质变化和漂移等原因造成的。

主要有：分布电容、分布电感引起的耦合感应，电磁场辐射感应，长线传输的波反射，多点接地造成的电位差引入的干扰，寄生振荡引起的干扰以及热噪声、闪变噪声、尖峰噪声等。

6.2.2 测试系统内部的固有噪声

1. 电阻的热噪声

任何电阻或导体，即使没有施加电压，也没有任何电流流过，但由于电阻中载流子不规则热运动（布朗运动），其两端也会产生噪声电压的起伏，称为热噪声。电阻的热噪声起源于电阻中电子的随机热运动，导致电阻两端电荷的瞬时堆积。1928年，约翰逊（J. B. Johnson）首先发现热噪声，因此热噪声也称为约翰逊噪声。

热运动具有随机性质，所以电阻的热噪声干扰电压也具有随机性。从频域上看，热噪声在整个频段具有均匀的功率谱密度，而且几乎覆盖整个频谱，所以它是高斯分布的白噪声中的一种主要类型。

奈奎斯特（Nyquist）利用热力学理论和实验，得到了热噪声的功率谱密度函数。实际检测电路都具有一定的带宽，工作于电路中的电阻热噪声电压有效值为

$$U_t = \sqrt{4kTR\Delta f} \tag{6-5}$$

式中，U_t 为电阻上的热噪声电压；k 为波尔兹曼常数 1.38×10^{-23}J/K，表示温度增加10K时外层电子布朗运动产生碰撞的能量变化；T 为热力学温度；R 为电阻值；Δf 为热噪声干扰电压频率带宽（Hz）。

热噪声的频率分布从高频到低频均为一固定值，即频率与干扰电压无关。

2. 散粒噪声

散粒噪声主要存在于电子管和半导体器件中，是一种电流噪声。在电子管中，散粒噪声源于阴极电子无规则性的随机发射而产生的电流脉冲；在半导体器件中，散粒干扰源于基区载流子随机扩散以及电子—空穴对的随机产生及复合而产生的电流脉冲。这种脉冲电流是颗粒效应，其变化所导致的电流起伏即散粒噪声。

实际检测电路都具有一定的带宽，工作于电路中的半导体 PN 结产生的散粒噪声电流的有效值为

$$I_s = \sqrt{2qI_d\Delta f} \tag{6-6}$$

式中，q 为电子电荷（1.6×10^{-19}C）；I_d 为平均直流电流（A）；Δf 为系统等效噪声带宽（Hz）。

式(6-6) 表明，散粒噪声电流只是流过 PN 结的平均直流电流 I_d 的函数。因此，为了减少散粒噪声的不利影响，流过 PN 结的平均直流电流 I_d 越小越好。

3. 低频噪声

低频噪声又称闪烁噪声，其产生的原因比较复杂，与材料表面状态有关，如表面的污染和损伤、材料中晶体缺陷、重金属离子的沉积，以及反型沟道的存在等。

低频噪声广泛存在于有源和无源器件中，噪声电压的方均值为

$$E_t^2 = K\ln\left(\frac{f_h}{f_l}\right) \approx K\frac{\Delta f}{f_l} \tag{6-7}$$

式中，f_h、f_l 分别是系统带宽的上限、下限值。

由噪声电压的方均值的表达式可以看出：低频噪声的强度与频率的倒数成反比，又称为 $1/f$ 噪声。这种噪声在低频范围特别是 100Hz 以下的情况，会大大超过热噪声。直流漂移就是低频噪声在极低频率的表现形式。

6.3 干扰的传播

任何电磁干扰的发生都必然存在干扰能量的传输和传输途径或者是传输通道。通常认为电磁干扰传输有两种方式：传导传输、辐射传输。传导传输必须在干扰源和敏感设备之间有完整的电路连接，干扰的传播途径一般有三种：电场耦合、磁场耦合、公共阻抗耦合。

6.3.1 电场耦合

通过不同导体间的电场耦合，干扰源导体上的电压变化会在其他导体上感应出干扰电压。电气测试系统中，由于平行的信号存在分布电容，通过分布电容的耦合，电场干扰耦合传播，如图 6-3 所示，因此电场耦合也称为静电耦合、容性耦合。

电场耦合噪声电压表示为

$$U_n = \frac{R_b}{R_a + R_b} = \frac{j\omega RC_{12}}{1 + j\omega R(C_{12} + C_{2g})}U_1 \tag{6-8}$$

当 R 很小时，可以近似表示为

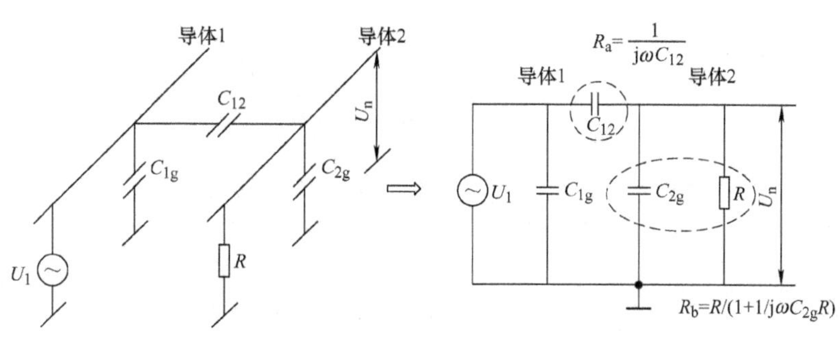

图6-3 电场耦合

$$U_n = j\omega RC_{12}U_1$$

当 R 很大时，可以近似表示为

$$U_n = \frac{C_{12}}{C_{12}+C_{2g}}U_1$$

当工作回路与噪声回路之间存在分布电容时，噪声信号通过分布电容耦合到工作回路，从而引起流过负载的电流信号发生变化。如图6-4所示，$\mathrm{d}U_n/\mathrm{d}t$ 越大，引起的电场耦合噪声就越大。

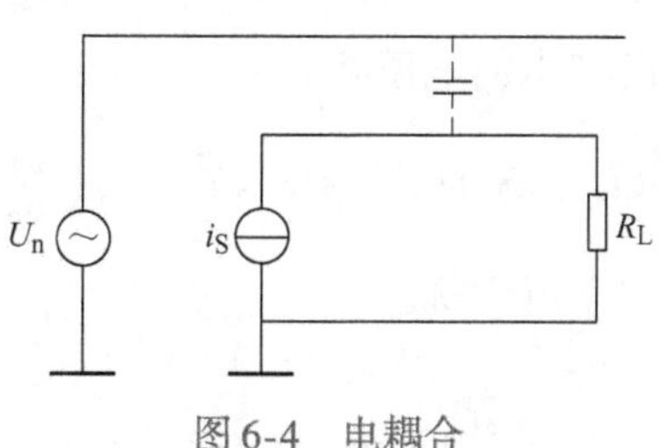

图6-4 电耦合

6.3.2 磁场耦合

在任何载流导体周围都会产生磁场，当电流变化时会引起交变磁场，该磁场必然在其周围的闭合回路中产生感应电动势引起干扰。

在设备内部，线圈或变压器的漏磁也会引起干扰；在设备外部，平行架设的两根导线也会产生干扰。由于感应电磁场引起的耦合（见图6-5），可以计算感应电压，即

$$U_n = j\omega MI_1 \tag{6-9}$$

式中，ω 为感应磁场交变角频率；M 为两根导线之间的互感；I_1 为导线1中的电流。

当噪声在工作回路附近产生交变的磁场时，噪声信号通过互感耦合到工作回路，从而引起负载两端的电压信号发生变化；$\mathrm{d}I_n/\mathrm{d}t$ 越大，引起的磁场耦合噪声就越大。

6.3.3 公共阻抗耦合

公共阻抗耦合干扰是由于多个电路共用一段公共导线，如公共电源线或公共地线，任何一个电路的电流发生波动时，都会在公共导线的阻抗上产生波动电压，形成对其他电路的干扰。

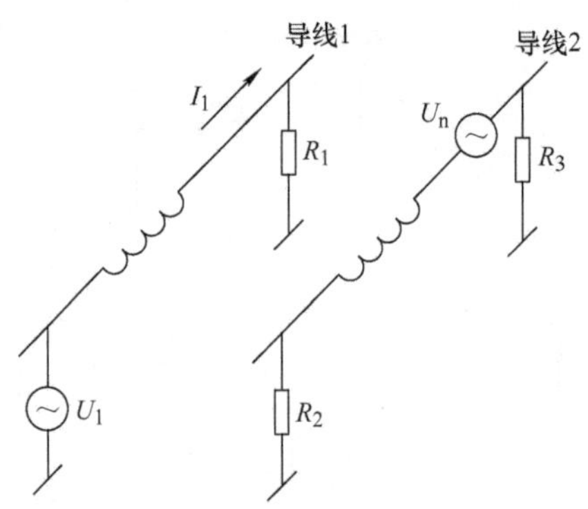

图 6-5　磁场耦合

公共耦合阻抗普遍存在，例如，电源引线、印制电路板上的地和公共电源线、汇流排等，由于它具有一定的电阻，各电源之间就通过它产生信号耦合。应该注意的是，公共阻抗除电阻之外还有电感分量，而且即使对于相当低的频率，其电感分量也有可能超过其电阻分量。当流过较大的数字信号电流时，其作用就像是一根天线，将干扰引入到各回路。

1. 公共电源线的阻抗耦合

如图 6-6 所示，R_{p1}，R_{p2}，…，R_{pn}和R_{n1}，R_{n2}，…，R_{nn}分别是电源引线的阻抗，各独立回路电流流过公共阻抗所产生的电压降为

$$i_1(R_{p1}+R_{n1}),(i_1+i_2)(R_{p2}+R_{n2}),\cdots,\left(\sum_{j=1}^{n}i_j\right)(R_{pn}+R_{nn}) \tag{6-10}$$

它们分别耦合进各级电路形成干扰。

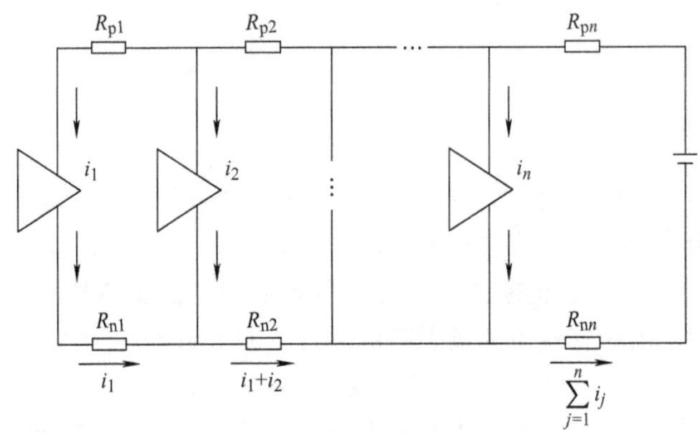

图 6-6　公共电源线的阻抗耦合

2. 公共地线的阻抗耦合

如果系统的不同部件采用不同的接地点，则这些接地点之间往往存在或大或小的电位差。如图 6-7a 和图 6-7b 所示，模拟信号和数字信号不是分开接地的，则数字信号就会耦合到模拟信号中去。

在图 6-7c 中模拟信号和数字信号是分开接地的，两种信号分别流入大地，这样就可以避免干扰，因为大地是一种无线吸收面。

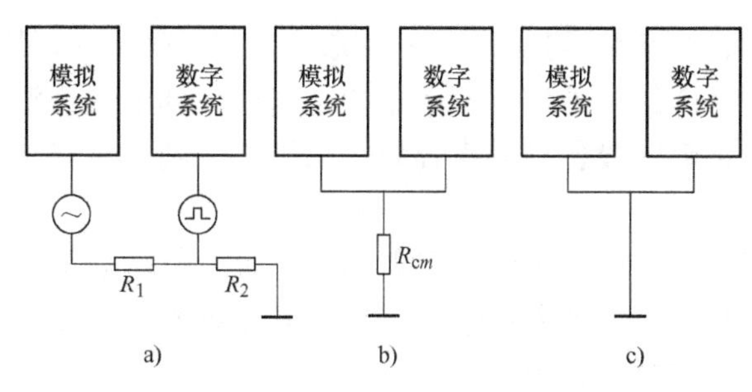

图6-7 公共地线的阻抗耦合

6.4 抗干扰设计

干扰源、干扰途径、对干扰敏感性较高的设备是形成干扰的三大要素，三者之间紧密联系，如图6-8所示。

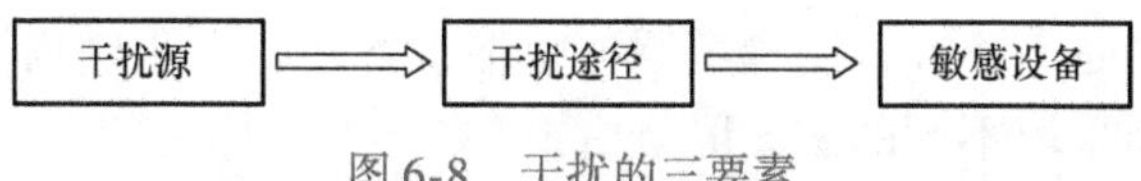

图6-8 干扰的三要素

抗干扰设计既有硬件方面的任务也有软件方面的任务。在系统抗干扰设计时应将软、硬件抗干扰措施有机地结合起来，使它们相辅相成，保证系统运行的可靠性。

6.4.1 抑制干扰的基本措施

1. 消除或抑制干扰源

消除干扰源是积极主动的措施。一般电流或电压剧变的地方就是干扰源，如继电器通断、电容充电、电动机起停、功率电路开关工作等。

在无法消除干扰源时，可在尽可能靠近干扰源的地方采取抑制措施。

消除或抑制干扰源的方法可以采用低噪声电路、瞬态抑制电路和稳压电路等。器件尽可能选低噪声、高频特性好、稳定性高的。

2. 破坏干扰途径

对于“电路”形式的干扰，采用隔离变压器、光电耦合器等方法切断环路干扰途径，采用滤波等手段引导干扰信号的转移。

对于“电磁场”形式的干扰，一般采用屏蔽措施，如静电屏蔽、电磁屏蔽等。

3. 削弱系统对于干扰信号的敏感性

电路设计、系统结构等都与干扰有关。比如：高输入阻抗比低输入阻抗易受干扰；布局松散的电子装置比结构紧凑的电子装置更易受干扰；模拟电路比数字电路的抗干扰能力差。因此，系统布局要合理，设计电路要用对干扰信号不敏感的器件。

6.4.2 硬件抗干扰设计

1. 屏蔽技术

屏蔽技术用来抑制电磁噪声沿着空间传播及切断辐射电磁噪声的传输途径。通常

用金属材料或磁性材料把所需屏蔽的区域包围起来，使屏蔽体内外的“场”相互隔离。

如果目的是防止噪声源向外辐射场的干扰，则应该屏蔽噪声源，这种方法称主动屏蔽。如果目的是防止敏感设备受噪声辐射场的干扰，则应该屏蔽敏感设备，这种方法称被动屏蔽。

对于电场、磁场、电磁场等不同的辐射场，由于屏蔽机理不同而采取的方法也不尽相同。屏蔽技术通常分为三大类：电场屏蔽、磁场屏蔽及电磁场屏蔽（同时存在电场及磁场的高频辐射电磁场的屏蔽）。

（1）电场屏蔽

电场屏蔽是抑制噪声源和敏感设备之间由于电场耦合而产生的干扰。利用金属屏蔽体可对电场起到屏蔽作用，但是，屏蔽体的屏蔽必须完善并良好地接地。如果可能，最好使用低电阻金属（如铜、铝）制成屏蔽罩，并使之与地可靠相连。

无论是静电场或交变电场，电场屏蔽的必要条件是完善的屏蔽及屏蔽体良好接地。

（2）磁场屏蔽

磁场屏蔽的目的是消除或抑制噪声源与敏感设备之间由于磁场耦合所产生的干扰。对于不同的频率必须采取不同的磁场屏蔽措施。

1）对于恒定磁场和低频段（100kHz 以下）干扰磁场：采用高磁导率的铁磁材料（如硅钢片、坡莫合金、铁等）制成管状或杯状罩进行磁场屏蔽。其原理是利用高磁导率材料对干扰磁场进行分路。这样，既可将磁场干扰限制在屏蔽罩内，也可使外界低频干扰磁场对置于屏蔽罩内的电路和器件不产生干扰。

2）高频磁场：采用低电阻率的金属良导体材料（如铜、铝等）来屏蔽。当高频磁场穿过金属板时，由于电磁感应在金属板上产生感应电动势，由于金属板的电导率很高所以产生很大的涡流。涡流又产生反磁场，与穿过金属板的原磁场相互抵消，同时又增强了金属板周围的原磁场，总的效果是使磁力线在金属板四周绕行而过，从而达到对高频磁场屏蔽的目的。

磁场屏蔽和接地与否关系不大，一般均接地，可同时起到电场屏蔽的作用。

（3）电磁场屏蔽

在干扰严重的地方常采用复合屏蔽结构。最外层采用低磁导率、高饱和的铁磁材料，最里层采用高磁导率材料，以进一步消耗干扰磁场能量，达到双重屏蔽目的。

2. 隔离技术

隔离技术是指把干扰源与接收系统隔离开来，使有用信号正常传输，而干扰耦合通道被切断，达到抑制干扰的目的。

常见的隔离方法有光电隔离、变压器隔离和继电器隔离等。

3. 滤波技术

滤波技术是根据信号及噪声分布范围，将相应频带的滤波器接入信号传输通道中，滤去或尽可能衰减噪声，达到提高信噪比，抑制干扰的目的。滤波器抑制检测系统干扰的原理框图如图 6-9 所示。

通常按功用可把滤波器分为信号选择滤波器和电磁干扰（EMI）滤波器两大类。

1）信号选择滤波器：能有效去除不需要的信号分量，同时是对被选择信号的幅度

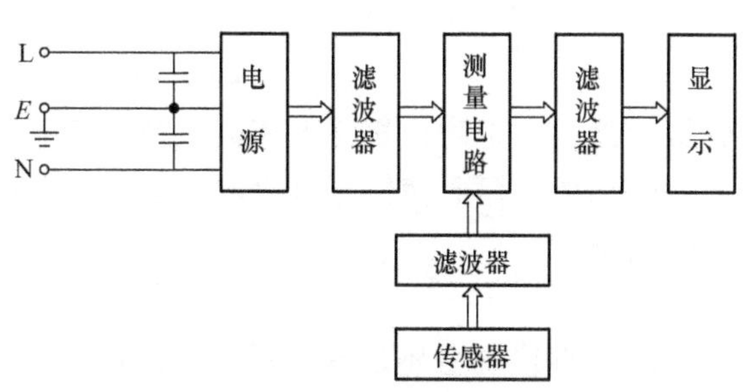

图 6-9 滤波器抑制检测系统干扰的原理框图

相位影响最小的滤波器。

2）电磁干扰（EMI）滤波器：是以能够有效抑制电磁干扰为目标的滤波器。电磁干扰滤波器常常又分为信号线 EMI 滤波器、电源线 EMI 滤波器两大类。

信号线是电磁干扰一个很重要的耦合传播途径，无论是外部还是内部干扰都能通过信号线传导至其他设备。因此，通常在信号线端口设计滤波器，去除不需要的信号分量，同时对被选择信号的幅度相位影响最小。这类滤波器专门用于设备信号线上，所以称为信号线 EMI 滤波器。

电源线也是电磁干扰传入设备和传出设备的主要途径。通过电源线，干扰可以传入设备，干扰设备的正常工作。同样，设备的干扰也可以通过电源线传播，对其他设备造成干扰。为了防止这两种情况的发生，必须在设备的电源入口处安装一个低通滤波器，这个滤波器只容许设备的工作频率通过，而对较高频率的干扰有很大的损耗。由于这个滤波器专门用于设备电源线上，所以称为电源线 EMI 滤波器。

常见的低通滤波器有 RC 滤波器、LC 滤波器、双 T 滤波器及有源滤波器，如图 6-10 所示。

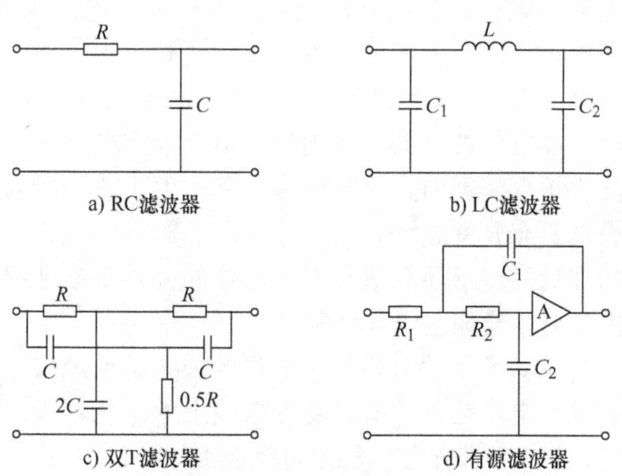

图 6-10 常见的低通滤波器

4. 接地技术

地是指作为电路或系统基准的等电位点或平面。电气测试系统中的“地”通常有两种含义：一种是大地，另一种是系统基准地。

(1) 接地种类

1) 保护接地。

保护接地即将机壳接大地。一是防止机壳上积累电荷，产生静电放电而危及设备和人身安全；二是当设备的绝缘损坏而使机壳带电时，促使电源的保护动作而切断电源，以便保护工作人员的安全。

2) 防雷接地。

当设备遇雷击时，不论是直接雷击还是感应雷击，设备都将受到极大伤害。为防止雷击而设置避雷针，以防雷击时危及设备和人身安全。

上述两种接地主要为安全考虑，均要直接接在大地上。

3) 工作接地。

工作接地是为电路正常工作而提供的一个基准电位。该基准电位可以设为电路系统中的某一点、某一段或某一块等。

当该基准电位不与大地连接时，视为相对的零电位。这种相对的零电位会随着外界电磁场的变化而变化，从而导致电路系统工作的不稳定。

当该基准电位与大地连接时，视为大地的零电位，不会随着外界电磁场的变化而变化。但是不正确的工作接地反而会增加干扰，比如共地线干扰、地环路干扰等。

为防止各种电路在工作中产生互相干扰，使之能相互兼容地工作。根据电路的性质，将工作接地分为不同的种类，比如直流地、交流地、数字地、模拟地、信号地、功率地、电源地等。上述不同的接地应当分别设置。

电源地是电源零电位的公共基准地线。由于电源往往同时供电给系统中的各个单元，而各个单元要求的供电性质和参数可能有很大差别，因此既要保证电源稳定可靠地工作，又要保证其他单元稳定可靠地工作。

模拟地是模拟电路零电位的公共基准地线。由于模拟电路既承担小信号的放大，又承担大信号的功率放大；既有低频的放大，又有高频放大；因此模拟电路既易接受干扰，又可能产生干扰。所以对模拟地的接地点选择和接地线的敷设更要充分考虑。

数字地是数字电路零电位的公共基准地线。由于数字电路工作在脉冲状态，特别是脉冲的前后沿较陡或频率较高时，易对模拟电路产生干扰。所以对数字地的接地点选择和接地线的敷设也要充分考虑。

信号地是各种物理量的传感器和信号源零电位的公共基准地线。由于信号一般都较弱，易受干扰，因此对信号地的要求较高。

功率地是负载电路或功率驱动电路的零电位的公共基准地线。由于负载电路或功率驱动电路的电流较强、电压较高，所以功率地线上的干扰较大。因此功率地必须与其他弱电地分别设置，以保证整个系统稳定可靠地工作。

(2) 接地方式

工作接地按工作频率而采用以下几种接地方式。

1) 单点接地。

工作频率低（ <1MHz）的采用单点接地式，即把整个电路系统中的一个点看作接地参考点，所有对地连接都接到这一点上。单点接地又可分为串联单点接地和并联单

点接地两种方式。

串联单点接地是用公共接地线接到电位基准点，需要接地的部分就近接到该公共线上。这种方式布线简单，但易产生共阻耦合干扰。因此，公用地线面积应尽可能大，以减小地线内阻；把最低电平的电路放在距离接地点最近的地方，即 A 点。

并联单点接地是将需要接地的各部分分别以独立导线直接连接到电位基准点。并联单点接地需要多根地线，布线复杂，不易产生共阻耦合干扰。但在高频时易引起各地线之间的互感耦合干扰，因此，通常只在频率 1MHz 以下采用。

多级电路的单点接地如图 6-11 所示。

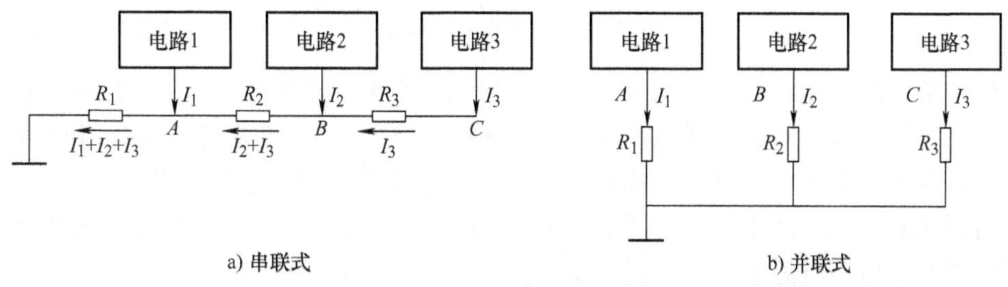

图 6-11　多级电路的单点接地

2）多点接地。

工作频率高（>30MHz）的采用多点接地式(即在该电路系统中，用一块接地平板代替电路中每部分各自的地回路)。

因为接地引线的感抗与频率和长度成正比，工作频率高时将增加共地阻抗，从而将增大共地阻抗产生的电磁干扰，所以要求地线的长度尽量短。

采用多点接地时，尽量找最接近的低阻值接地面接地。

3）混合接地。

工作频率介于 1~30MHz 的电路采用如图 6-12 所示的混合接地式。混合接地使接地系统在低频和高频时呈现不同特性。

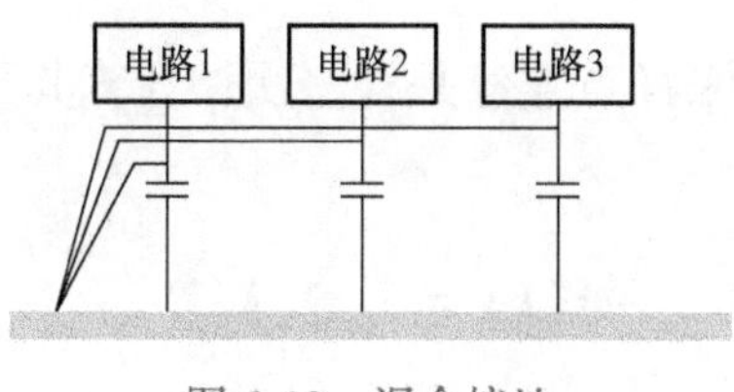

图 6-12　混合接地

4）浮地。

浮地又称浮置，它是指测量系统的地在电气上与大地绝缘（隔离），如图 6-13 所示。对于被浮置的测量系统，测量电路或大地之间无直接关系，以减小入地电流引起的电磁干扰。

系统被浮置后，明显加大了公共地线与大地之间的阻抗，因此，可以大大减小电阻性漏电流干扰。

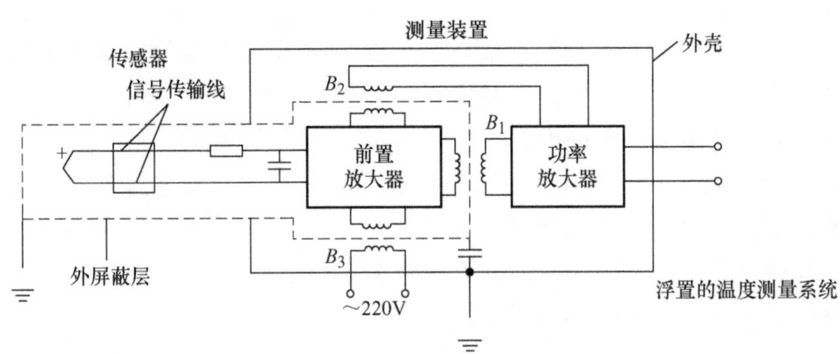

图 6-13　被浮置的测量系统

虽然信号放大器的公共地线与大地之间的阻抗很大（绝缘级电阻），但是它们之间仍然存在寄生电容，即容性漏电流干扰还存在。同时，干扰也容易通过信号传输线对地电容耦合产生干扰电流进入系统内部。因此，浮置不可能“完全浮空”。

值得注意的是，由于外壳悬浮，当系统附近有高电压电场时，通过电场耦合，容易使外壳感应出高压静电，危及人身安全。

6.4.3　软件抗干扰设计

虽然系统硬件抗干扰措施能够消除大部分干扰，但它不可能完全消除干扰。测试系统的抗干扰设计必须把硬件抗干扰和软件抗干扰结合起来。最常见，也最有效的软件抗干扰措施是采用数字滤波方法消除无用的干扰信号。

1. 程序判断滤波

根据人们的经验，确定出两次采样输入信号可能出现的最大偏差 δy，若本次输入信号与上次输入信号的偏差超过 δy，就放弃本次采样值。

2. 中值滤波

中值滤波是对一个采样点连续采集多个信号，取其中间值作为本次采样值。

3. 算术平均滤波

算术平均滤波是对一个采样点连续采样多次，计算其平均值，以其平均值作为该点采样结果，即

$$\overline{Y}(k) = \frac{1}{N}\sum_{i=1}^{N} X(i) \tag{6-11}$$

4. 加权平均滤波

为突出信号中的某一部分，抑制信号中的另一部分，可将各采样点的采样值与邻近的采样点做加权平均，即

$$\overline{Y}(k) = \sum_{i=-m}^{n} C_{k+i}X(k+i), \sum_{i=-m}^{n} C_{k+i} = 1 \tag{6-12}$$

5. 一阶递推数字滤波

具有 RC 低通滤波器特性的一阶递推数字滤波公式为

$$\overline{Y}(k)=(1-Q)\overline{Y}(k-1)+QX(k),0<Q<1 \tag{6-13}$$

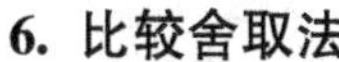

6. 比较舍取法

当系统测量结果中有个别数据存在偏差时，为了剔除个别错误数据，可采用比较舍取法；对每个采样点连续采样几次，剔除个别不同的数据，取相同的数据为采样结果。

7. 复合滤波

为了提高滤波效果，往往将两种以上的滤波方法结合在一起使用，即为复合滤波。例如将中值滤波与算术平均值滤波方法结合在一起，将采样点的最大值与最小值去除，然后求出其余采样值的算术平均值，则可取得较好的滤波效果。

6.5　共模干扰与差模干扰

在信号的传输过程中，特别是被测信号通过传输线送到测量电路的过程中，测量电路易受到干扰信号的影响。这时，干扰信号就叠加在有用信号上。

从叠加的方式来分，干扰有差模干扰和共模干扰两种。

6.5.1　共模干扰

共模干扰又称为纵向干扰，是相对于公共的电位基准点（参考接地点），在接收电路的两个输入端上同时出现的干扰。

共模干扰电压通常不直接影响测量精度，但当输入电路不对称时，将会转化为差模干扰，从而引起信号传输误差。

在实际测量过程中，由于共模干扰的电压一般都比较大，而且它的耦合机理和耦合电路不易搞清楚，因此共模干扰对测量的影响更为严重。

图6-14所示为存在共模干扰的电路。共模干扰电压 $\dot{U}_c$ 同时对称加在传输线的两端。当接收电路存在对地阻抗 Z_{10}，Z_{20} 时，接收电路的两个输入端就有了大小相等、方向相同的共模干扰电压。

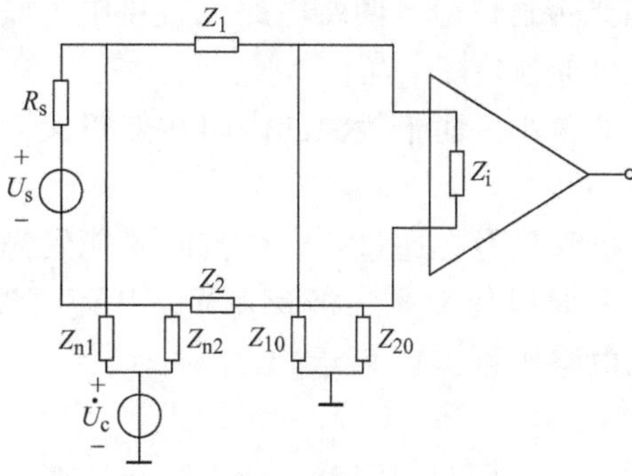

图6-14　存在共模干扰的电路

1. 共模干扰的来源

在测量系统附近有大功率电气设备，因绝缘不良漏电或者电网三相负载不平衡，中性线有较大电流时，都存在着较大的接地电流和接地电位差。此时，若测量系统有两个以上接地点，则接地电位差就会造成共模干扰。

在交流供电的测量系统中，电源会通过电源变压器的一、二次绕组间的杂散电容、整流滤波电路、信号电路和地之间的杂散电容与地构成回路，形成工频共模干扰。

2. 共模干扰的抑制

共模干扰产生的原因主要是不同的地之间存在共模电压，以及模拟信号系统对地的漏阻抗。

共模干扰的抑制措施主要有三种：变压器隔离、光电隔离、浮地屏蔽。

（1）变压器隔离

变压器隔离是利用隔离变压器将模拟信号电路与数字信号电路隔离开，也就是把模拟地与数字地断开，以使共模干扰电压不能构成回路，从而达到抑制共模干扰的目的，如图6-15所示。另外，隔离后的两电路应分别采用两组互相独立的电源供电，切断两部分的接地线联系。

这种隔离适用于无直流分量信号的通路。对于直流信号，也可通过调制器变换成交流信号，经隔离变压器后，用解调器再变换成直流信号。

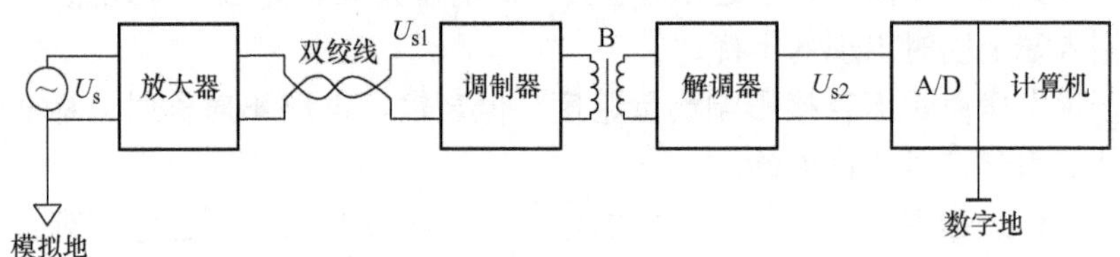

图6-15　变压器隔离抑制共模干扰

（2）光电隔离

光电耦合器是由发光二极管和光电晶体管（达林顿管、晶闸管等）封装在一个管壳内组成，实现以光为媒介的电信号传输。

由于光电耦合器是用光传送信号，两端电路无直接电气联系，因此，切断两端电路之间接地线的联系，就可抑制共模干扰。

发光二极管动态电阻非常小，而干扰源的内阻一般很大，因此能够传送到光电耦合器输入端的干扰信号很小。

光电耦合器的发光二极管只有在通过一定电流时才能发光，由于许多干扰信号虽幅值较高，但能量较小，不足以使发光二极管发光，从而可以有效地抑制干扰信号。光电隔离抑制共模干扰的电路如图6-16所示。

（3）浮地屏蔽

浮地屏蔽是指信号放大器采用双层屏蔽，输入为浮地双端输入，如图6-17所示。这种屏蔽方法使输入信号浮空，达到了抑制共模干扰的目的。

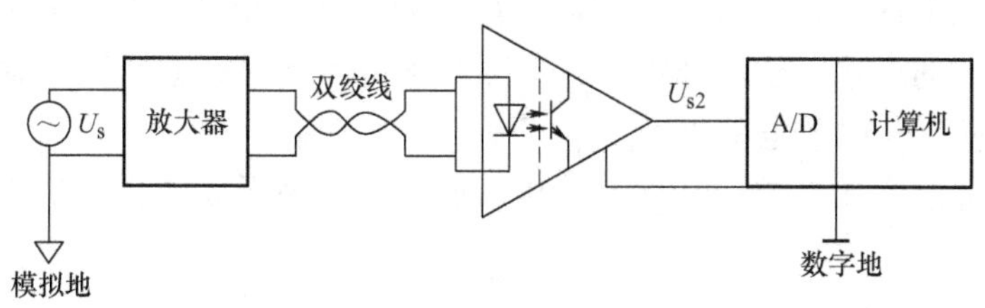

图 6-16　光电隔离抑制共模干扰

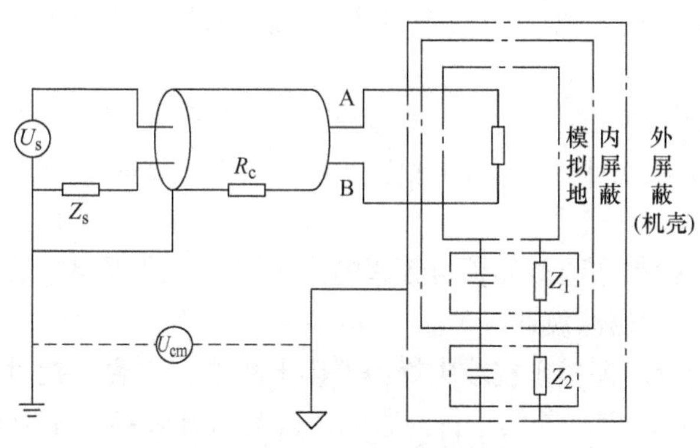

图 6-17　浮地屏蔽

6.5.2　差模干扰

差模干扰又称横向干扰。它使得测量系统的两个信号输入端子的电位差发生变化，即干扰信号与有用信号是按照电势源形式串联起来作用于输入端的。

由于它和有用信号叠加起来直接作用于输入端，因此它直接影响测量结果。差模干扰可用图 6-18 所示的两种方式表示。

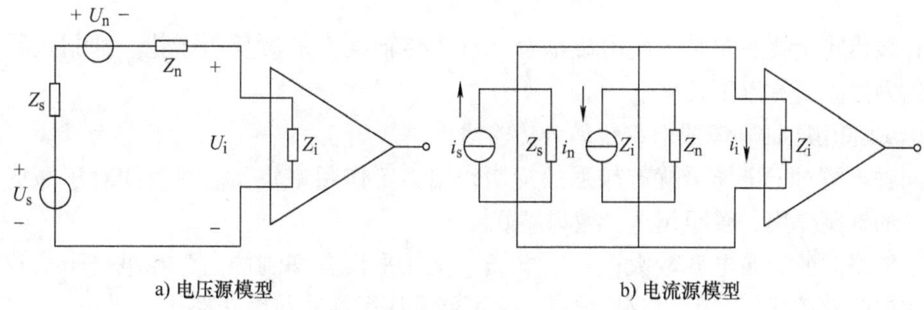

图 6-18　差模干扰的两种方式

1）对于电压源模型，当 $|Z_i| \gg |Z_s| + |Z_n|$ 时，有 $\dot{U}_i = \dot{U}_s - \dot{U}_n$；

2）对于电流源模型，当 Z_n，Z_s足够大时，有 $\dot{I}_i = \dot{I}_s - \dot{I}_n$。

1. 差模干扰的来源

差模干扰的来源包括：大气放电（雷电）、宇宙干扰（太阳的无线电辐射），空间

电磁波，高压输电线、与信号线平行铺设的电源线及大电流控制线所产生的电磁场，信号源本身固有的漂移、纹波和噪声，电源变压器不良屏蔽或稳压滤波效果不良，高压电气设备、荧光灯的放电干扰等。

这些干扰通过测试系统的壳体、导线、敏感探头等形成接收电路，造成对系统的干扰。

2. 差模干扰的抑制

差模干扰信号和有效信号相串联，叠加在一起作为输入信号，因此对差模干扰的抑制较为困难。对差模干扰应根据干扰信号的特性和来源，分别采用不同的措施来抑制。

1）对于来自空间电磁耦合所产生的差模干扰，可采用双绞线作为信号线，其目的是减少电磁感应，并使各个小环路的感应动电势互相呈反向抵消，也可采用金属屏蔽线或屏蔽双绞线。

2）根据差模干扰频率与被测信号频率的分布特性，采用相应的滤波器，如低通滤波器、高通滤波器、带通滤波器等。

3）当对称性交变的差模干扰或尖峰型差模干扰成为主要干扰时，选用积分型或双积分型 A/D 转换器可以削弱差模干扰的影响。因为这种转换器是对输入信号的平均值而不是瞬时值进行转换，所以，对于尖峰型差模干扰具有抑制作用；对称性交变的差模干扰，可在积分过程中相互抵消。

4）当被测信号与干扰信号的频谱相互交错时，滤波电路很难将其分开，可采用调制解调器技术。选用远离干扰频谱的某一特定频率对信号进行调制，然后再进行传输，传输途中混入的各种干扰很容易被滤波环节滤除，被调制的被测信号经硬件解调后，可恢复原来的有用信号频谱。

6.6 长线传输干扰及其抑制

长线传输干扰主要是空间电磁耦合干扰和传输线上的波反射干扰。抑制长线传输干扰的办法主要有以下几种。

（1）采用同轴电缆或双绞线作为传输线

同轴电缆对于电场干扰有较强的抑制作用，工作频率较高。双绞线对于磁场干扰有较好的抑制作用，绞距越短，效果越好。

双绞线间的分布电容较大，对于电场干扰几乎没有抑制能力，在电场干扰较强时须采用屏蔽双绞线。在使用双绞线时，尽可能采用平衡式传输线路。

平衡式传输是双绞线的两根线不接地传输信号。这种传输方式具有较好的抗差模干扰能力，外部干扰在双绞线中的两条线中产生对称的感应电动势，相互抵消。同时，对于来自接地线的干扰信号也受到抑制。

（2）终端阻抗匹配

为了消除长线的反射现象，可采用终端或始端阻抗匹配的方法。终端阻抗匹配如图 6-19所示。

进行阻抗匹配，首先需要通过测试或由已知的技术数据掌握传输线的波阻抗 R_p 的大小。同轴电缆的波阻抗一般在 50～100Ω 之间，双绞线的波阻抗为 100～200Ω。

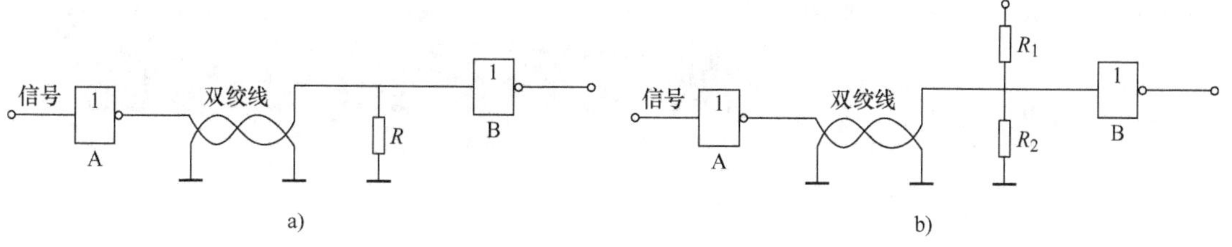

图 6-19　终端阻抗匹配

（3）始端阻抗匹配

始端阻抗匹配是在长线的始端串入电阻 R，通过适当的选择 R，以消除波反射，如图 6-20所示。

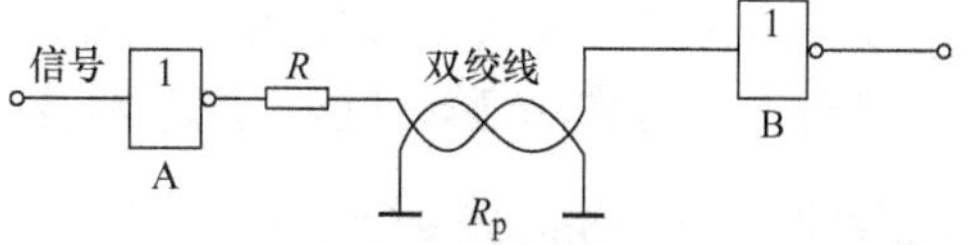

图 6-20　始端阻抗匹配

这种匹配方法的优点是波形的高电平不变，缺点是波形的低电平会抬高。这是由于终端门 B 的输入电流在始端匹配电阻 R 上的电压降所造成的。显然，终端所带的负载门个数越多，低电平抬高得就越显著。

第7章 测试系统的可靠性

随着测试系统复杂度的提高，可靠性问题越来越引起人们的重视，而且对系统和设备的使用条件也提出越来越苛刻的要求。一个系统是由若干子系统或单元组成，其可靠度一般是各单元可靠度的乘积。所以系统越复杂，所用零部件越多，则系统固有可靠度越低。可靠性已与性能、成本等技术经济指标同时作为评价系统好坏的标准。

7.1 可靠性的定性

可靠性就是系统在规定条件和预定时间内，能够完成规定功能的能力。可靠性的概率度量称为可靠度。故障则是指系统或零件性能偏离规定的界限。故障范围可以由测量精度的界限变化到完全不能工作的状态。

可靠性定义中的“三个规定”是可靠性概念的核心。其中，规定的条件是可靠性定义中最重要又最容易忽略的部分，包括使用时的环境条件和工作条件。系统的可靠性和它所处的条件关系极为密切，同一系统在不同条件下工作表现出不同的可靠性水平，如环境条件、动力条件、负载条件、使用和维护条件。规定的时间和系统可靠性关系也极为密切，工作时间越长，可靠性越低，系统的可靠性和时间的关系呈递减函数关系。规定的功能指的是系统规格书中给出的正常工作的性能指标。

可靠性贯穿于系统的规划、设计、制造、使用的全过程。在设计阶段，应综合考虑成本、性能、政策、社会需求等，确定可靠性目标；设计完成后，进行必要的可靠性预测，并将预测结果和可靠性目标比较，把比较结果作为修正方案的依据，并对系统各组成部分进行可靠性分配；在研制阶段，可靠性工作包括分析系统的故障类型，零件选择，可靠性试验等；在制造阶段，进行质量管理；在使用阶段，要及时修复故障。

7.2 测试系统可靠性特征量

可靠性是一项重要的质量指标，必须使之数量化，这样才能进行精确的描述和比较。可靠性的评价可以使用概率指标或时间指标，这些指标有：可靠度、失效率、平均无故障工作时间、平均失效前时间、有效度等。

1）可靠度 $R(t)$：在规定条件和预定时间内或特定时刻，能够完成规定功能的概率。

一个零件工作到某个时间 τ 后发生故障，其可靠度可表示为 $R(t)=P(t<\tau)$，$P(t<\tau)$ 表示设备在时间 τ 内正常工作的概率。一般认为可靠度是一个服从正态分布的函数，即 $R(t)=\mathrm{e}^{-\int_0^t\lambda(t)\mathrm{d}t}$，当认为 $\lambda(t)$ 在时间上是常数时，可靠度即可表示为 $R(t)=\mathrm{e}^{-\lambda(t)}$。

2）不可靠度 $F(t)$：产品在规定的条件下和规定的时间内未完成规定功能（即发生失效）的概率，亦称累积失效概率。$F(t)=1-R(t)$。

3）故障率 $\lambda(t)$：是到某一时间为止尚未发生故障，而在下一单位时间可能发生故障的概率。它的倒数称为平均无故障时间，亦称平均寿命，即 $\theta=1/\lambda$。

4）平均失效前时间（Mean Time To Failure，MTTF）：定义为系统失效前时间的期望值，为平均寿命 θ。在故障率 λ 为常数情况下，等于故障率 λ 的倒数。

5）平均故障间隔时间（Mean Time between Failure，MTBF）：考虑到故障后可以修复，人们关心对于某一个样本，两次故障间隔的平均时间：第1次工作时间 t_1 后出现故障，第2次工作时间 t_2 后出现故障，……，第 n 次工作时间 t_n 后出现故障，则故障间隔的平均时间 $\mathrm{MTBF}=\frac{1}{n}\sum_{i=1}^{n}t_i$。

6）维护度 $M(t)$：到某个时间完成维护的概率。$M(t)=1-\mathrm{e}^{-\mu t}$，$\mu$ 称为修理率，其倒数 $1/\mu$ 为平均修理时间。一般 $M(t)$ 服从正态分布。

7）有效度A：是可靠度 $R(t)$ 和维护度 $M(t)$ 合起来的尺度。如果在可靠度（不发生故障的概率）之外，还存在着发生故障后经修理恢复正常的概率，那么这台设备处于正常的概率就会增大，这个保持正常状态的概率就是有效度。

可靠性可以通过一定方法加以测定，测定条件可用湿度、温度、气压、加速度、振动频率等物理量来测量。在实际使用中，可靠性的尺度常用平均寿命 θ 表示。平均寿命 θ 是平均故障间隔时间。当 $R(t)$ 为指数分布时，故障率 λ 是平均寿命 θ 的倒数，$\lambda=1/\theta$。

$$\theta=\frac{1}{k}\left\{\sum_{i=1}^{k}t_i r_i+(n-k)t_{\mathrm{c}}\right\} \tag{7-1}$$

式中，n 为整个样本数；k 为观测时间内发生故障的样本数；r_i 为在 t_i 时刻发生故障的元件的数目；t_{c} 为观测的截止时间。

例：20个电阻在120℃高温中经3000h老化试验后，发现有12个发生了故障，发生故障的时刻 t_i 分别为：270h，420h，500h，920h，1330h，1510h，1650h，1760h，2100h，2320h，2350h，2650h。求平均寿命 θ 和故障率 λ。

解：样本总数 $n=20$，观测时间内发生故障的样本数 $k=12$；观测截止时间 $t_{\mathrm{c}}=3000\mathrm{h}$，则

$\sum t_i=270+420+500+\cdots+2650=17330\mathrm{h}$；

$(n-k)t_{\mathrm{c}}=(20-12)\times3000\mathrm{h}=24000\mathrm{h}$；

得：平均寿命 $\theta=(17830+24000)/12\mathrm{h}=3490\mathrm{h}$

故障率 $\lambda=1/\theta=1/3490=28.5\times10^{-5}\mathrm{h}^{-1}$。

7.3　测试系统可靠性模型

实践证明大多数设备的故障率是时间的函数。如果取产品的失效率作为测试系统的可靠性特征值，以使用时间为横坐标，以失效率为纵坐标，可以得到测试系统从投入到报废为止的全寿命周期内，其可靠性的变化呈现出的一定规律。

可靠性从工程角度看，失效率随使用时间变化分为三个阶段：早期失效期、偶然

失效期和耗损失效期。当设备投入早期，因为硬件或软件上设计不合理等原因，设备故障率较高，随着设备的修复和调整，其可靠性逐渐提高，故障率下降，但随着设备使用时间的延长，元件老化等问题使得设备的故障率又变高。失效率曲线两头高、中间低，形似浴盆（见图7-1a），所以称为浴盆曲线（Bathtub curve）。

可靠性的工作目标就是为了改变这条浴盆曲线的趋势和故障发生的阶段，可靠性工程的所有方法都是围绕改造浴盆曲线形成而展开的各种技术性设计、分析及测试。具体表现在如下三部分：

① 减少并消除早期故障出现。

② 延长偶然故障期并尽量降低偶然故障，同时通过完善预防和维修减少偶然故障。

③ 把浴盆曲线改造成故障尽量低的理想曲线（见图7-1b），延缓故障率的增加。

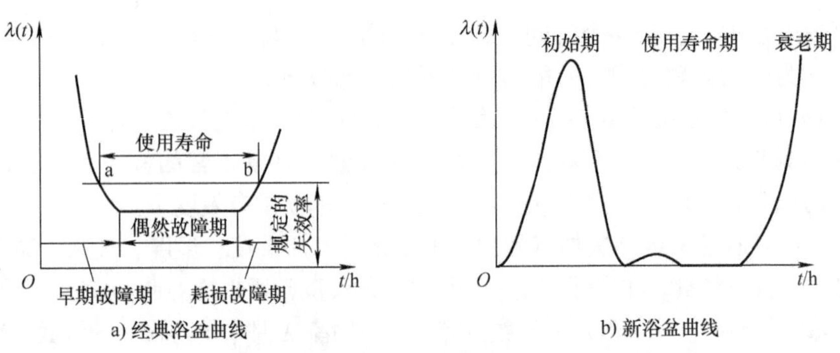

图7-1　可靠性曲线

7.4 测试系统可靠性预测

可靠性预测是在设计方案时，根据零部件故障率来估计系统可能达到的可靠度或计算在规定条件下，系统符合技术性能和可靠性要求的概率。

1）实验测试法：对零件样品，在规定条件下（温度、湿度、振动等）运行，并记录零件出现故障的时间或次数。如果零件具有很高可靠性，实验要花很长时间，可加速故障过程，在更高强度下运行，用外推法从实验数据估计在规定条件下的故障率。

2）模型分析法：把系统分成若干子系统，分得各部分越小，越能得到各部分可靠度信息，对系统可靠性分析就越精确。典型的系统结构包括串联系统、并联系统和混联系统。

7.4.1 串联系统的可靠性

串联系统由 A_1，A_2，…，A_n 共 n 个单元组成，只有当每个单元都正常工作时，系统才能正常工作，其中任何一个单元失效时系统就失效。串联系统的可靠性框图如图7-2所示。

在串联系统中，设各单元相互独立，则系统的可靠度为

$$R_S = \prod_{i=1}^{m} R_i \tag{7-2}$$

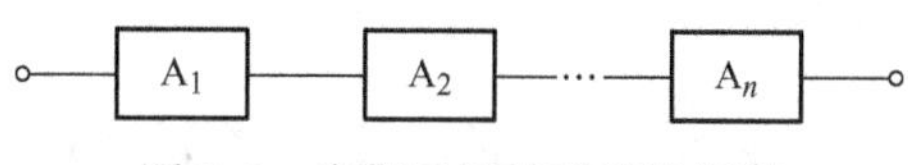

图 7-2　串联系统的可靠性框图

系统的失效率为该时刻失效率之和，即

$$\lambda_S(t) = \sum_{i=1}^{m} \lambda_i(t) \tag{7-3}$$

7.4.2　并联系统的可靠性

并联系统由 n 个单元 A_1，A_2，…，A_n 组成，只要有一个单元工作，系统就能工作，或者说只有当所有单元都失效时系统才失效。并联系统的可靠性框图如图 7-3 所示。

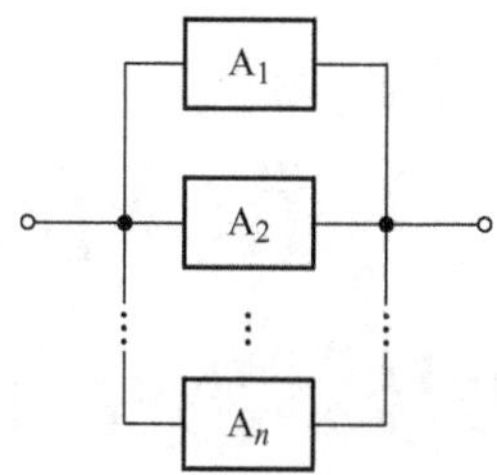

图 7-3　并联系统的可靠性框图

假设各单元相互独立，则并联系统可靠度为

$$R_P = 1 - \prod_{i=1}^{m} (1 - R_i) \tag{7-4}$$

为了提高系统的可靠性，可以以两个或更多相同单元并联在一起工作，当有些单元出故障时，其他单元仍可正常工作。

7.4.3　混联系统的可靠性

1. 串并联系统

串并联系统由 n 个组成单元串联而成，而每个组成单元由 m 个基本单元并联。其可靠性框图如图 7-4 所示。

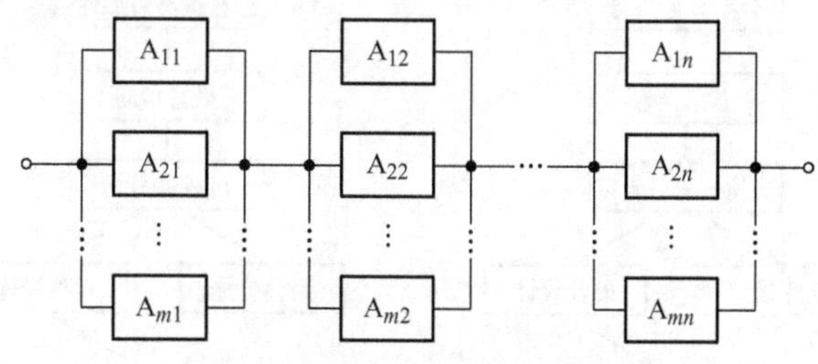

图 7-4　串并联系统的可靠性框图

假设各单元相互独立，其可靠度 R_{SP} 为

$$R_{SP} = \prod_{j=1}^{n} \left[1 - \prod_{i=1}^{m} (1 - R_{ij})\right] \tag{7-5}$$

2. 并串联系统

并串联系统并联了 m 个组成单元，而每个组成单元由 n 个基本单元串联。其可靠性框图如图 7-5 所示。

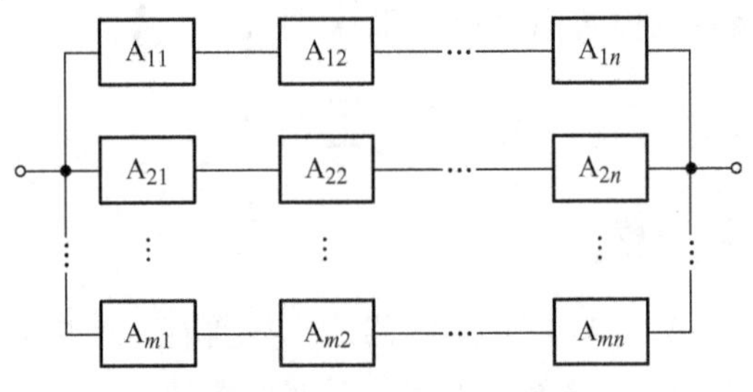

图 7-5　并串联系统的可靠性框图

假设各单元相互独立，其可靠度 R_{PS} 为

$$R_{PS} = 1 - \prod_{j=1}^{m}\left(1 - \prod_{i=1}^{n} R_{ij}\right) \tag{7-6}$$

7.5 测试系统可靠性设计

7.5.1 可靠性设计基本原则

系统可靠性设计就是要使系统在满足规定的可靠性指标、完成预定功能的前提下，使该系统的技术性能、制造成本及使用寿命等取得协调并达到最优化的结果；或者在性能、成本、寿命和其他要求的约束下，设计出高可靠性系统。

可靠性设计是为了在设计过程中挖掘和确定隐患及薄弱环节，并采取设计预防和设计改进措施，有效地消除隐患及薄弱环节。

可靠性设计过程中应遵循以下原则：

① 可靠性设计应有明确的可靠性指标和可靠性评估方案。

② 可靠性设计必须总体考虑系统的设计进程，在满足基本功能的同时，全面考虑影响可靠性的各种因素，如图 7-6 所示。

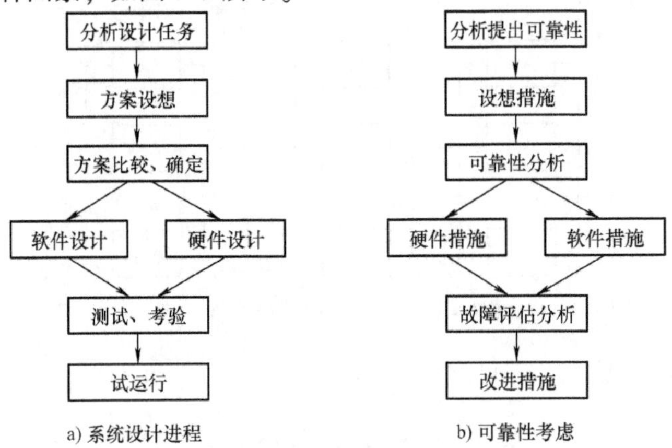

图 7-6　可靠性设计

③ 应针对故障模式（即系统、部件、元器件故障或失效的表现形式）进行设计，最大限度地消除或控制产品在寿命周期内可能出现的故障（失效）模式。

④ 在设计时，应在继承以往成功经验的基础上，积极采用先进的设计原理和可靠性设计技术，但在采用新技术、新型元器件、新工艺、新材料之前，必须经过试验，并严格论证其对可靠性的影响。

⑤ 在进行产品可靠性的设计时，应对产品的性能、可靠性、费用和时间等各方面因素进行权衡，以便做出最佳设计方案。

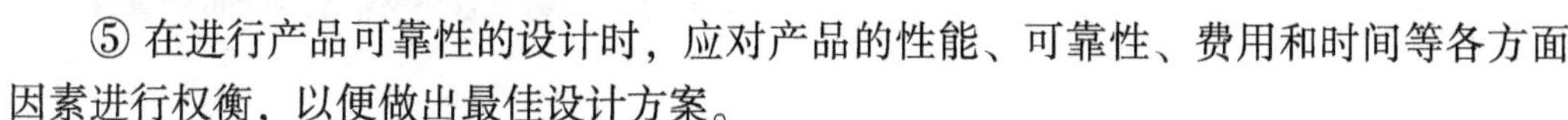

7.5.2　提高系统可靠性措施

提高系统可靠性通常可以从硬件和软件两个方面考虑。

硬件上，在保证功能前提下，采用最小数量的零部件组成系统，提高系统固有可靠性；合理选择元器件、采用降额使用；对关键零部件或可靠性薄弱环节采用冗余方式工作；依靠可靠的电路设计，提高硬件的环境保护（比如温度保护，电磁干扰保护等）程度；对系统进行可靠性测试等。

软件上，避错和容错是主要的两种方法，主要体现在使用可靠的程序设计方法、消除干扰、增加试运行时间等。

如果还不能有足够可靠度，除多并联一些单元外，还可储备一些单元，以便当工作单元失效时，立即由储备单元接替，这种系统称为储备系统。它与并联系统的区别是：并联系统同机工作且无转接装置；储备系统待机工作，单元的替换可人工进行，也可以自动转接。储备系统可靠性框图如图 7-7 所示。

需要指出的是，储备系统应采用多样化原理和结构。因为储备系统的可靠性常受故障模式的限制，故障对储备系统各部分具有相同影响，虽用储备系统也难保证其可靠性。如果在并联系统中采用相同元件、故障率相同，则各通道大约在相同时间内出现故障。因此，各子系统应采用不同的方案、原理和结构来实现同一功能。

值得注意的是，可靠性措施也需考虑可靠率与经济性的关系，如图 7-8 所示。

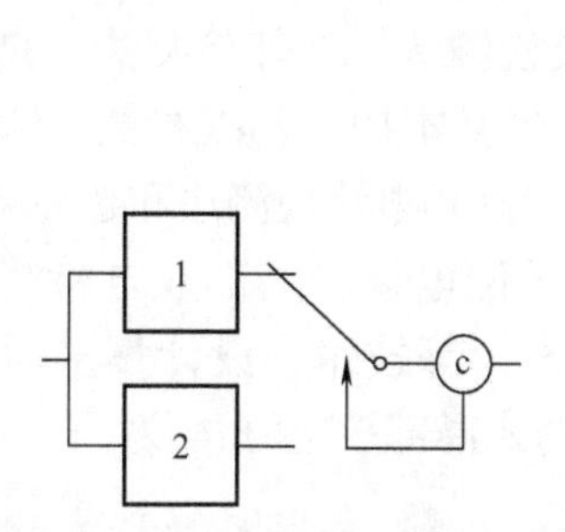

图 7-7　储备系统可靠性框图

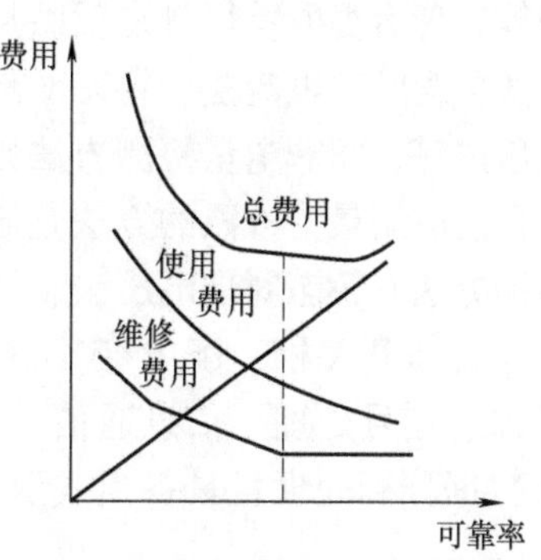

图 7-8　可靠率与经济性的关系

一般来说，无论采取怎样的可靠性设计措施，要达到系统完全不出错（避错）是困难的，因此还需要后续的故障检测与诊断技术，以便在出现故障时能及时定位并采取措施修复。

第8章 测试系统实现

本章以便携式局部放电测试仪为例，综合应用信号传感、信号处理、信号传输等技术，从硬件电路设计和嵌入式软件开发两个角度，阐述电气测试系统实现方法。在硬件电路设计方面，首先对局部放电信号检测常用的超声传感器、TEV 传感器和高频电流传感器原理进行简要介绍，并给出所使用传感器的性能参数。接着介绍信号调理电路、电源管理电路和音频输出电路设计，重点阐述信号调理电路的目标需求，并给出电路元件参数设计过程。在嵌入式软件设计方面，对 FPGA 可编程逻辑设计的原理和功能实现做了描述，给出了信号降噪、局部放电信号录波以及低功耗等功能的详细设计方法，并对人机界面主要功能实现做了演示。

8.1 引言

局部放电指电气设备的绝缘结构中某个或某些区域发生的击穿放电，而其他区域绝缘性能完好的现象。局部放电通常由于绝缘结构中的气隙、尖刺等缺陷和绝缘表面的污秽、潮湿等引起。局部放电检测对于电气设备绝缘状态的判别契合度高、效果显著。对于局部放电信号强度的检测可以反映绝缘结构的损坏程度，对局部放电模式的分析可以反映绝缘缺陷的类型，而根据局部放电信号进行放电源的定位可以帮助检修人员快速确定绝缘损坏位置。

局部放电检测的核心是通过提取局部放电发生时所伴随的电信号、声信号，再通过放大、降噪等处理后提取特征量来反映局部放电情况。局部放电检测方法多种多样，电气量检测方法包含脉冲电流法、暂态对地电压法、高频电流检测法、超高频检测法和无线电干扰电压法等，而非电量检测方法则包括超声波检测法、红外检测法、介质损耗角检测法等。目前应用最为成熟的方法是脉冲电流法，但基本用于离线检测，应用比较广泛的在线检测方法有暂态对地电压法、超声波检测法、高频电流检测法和超高频检测法。

针对包含高压开关柜、配电变压器和电力电缆的配电设备局部放电检测需求，综合应用传感器、信号处理、信息通信、嵌入式系统设计等技术，设计集多通道信号采集、多功能数据分析处理且具备模式识别功能的便携式局部放电测试仪。

8.2 便携式局部放电测试仪硬件设计

8.2.1 总体结构

便携式局部放电测试仪硬件电路主要实现信号采样、人机接口、对外通信和信息

存储这四个功能，硬件总体结构如图 8-1 所示。

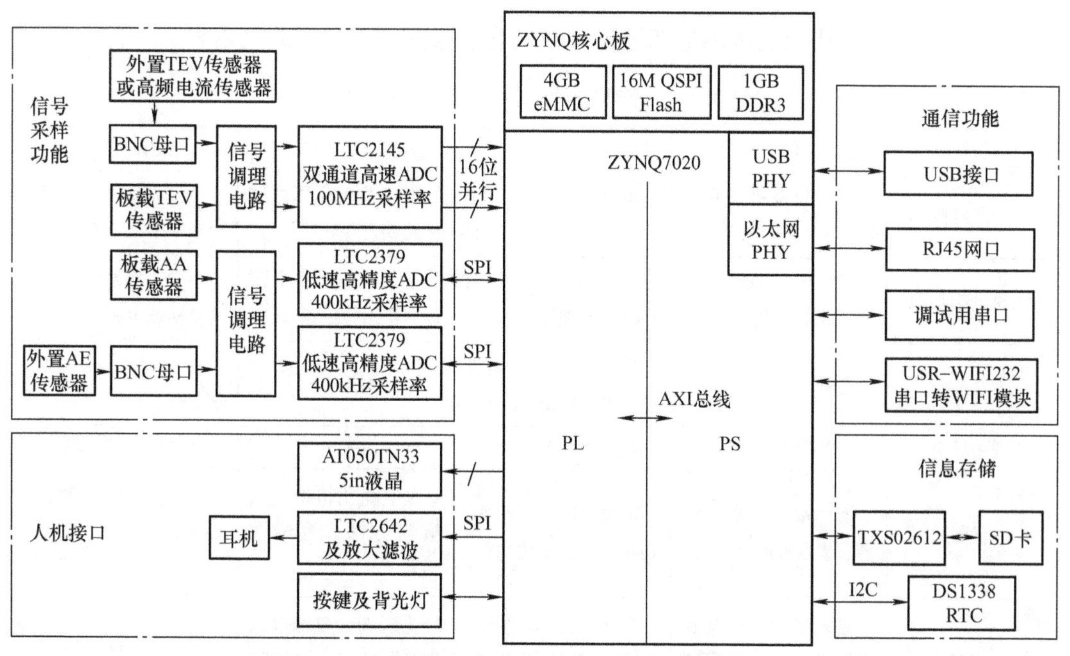

图 8-1 便携式局部放电测试仪硬件总体结构

便携式局部放电测试仪硬件以 Xilinx 公司全可编程片上系统（All Programmable SoC）ZYNQ7020 嵌入式系统为核心。ZYNQ 由 FPGA 可编程逻辑（Programmable Logic，PL）和处理器系统（Processing System，PS）两部分组成，通过 AXI 总线互联，集成了 ARM Cortex A9 双核和 FPGA。换言之，是嵌入了 ARM 核的 FPGA，或理解为具备 FPGA 外设的双核 ARM 处理器。

信号采集方面，为满足 TEV、高频电流和超声信号不同的采样需求，针对性地进行采样电路的设计：两路高速采样通道同步采样，提供一个板载 TEV 传感器和 BNC 接口，可以同步采集 TEV 信号和高频电流信号或同步采集两个 TEV 信号，中间经过隔离直流的调理电路送入 LTC2145 高采样率 A/D 转换器。两路低速采样通道分别接 AA 超声和 AE 超声，采用多级运放电路实现滤波放大之后送入 LTC2379 高精度 A/D 转换器。

人机接口方面，采用 5in（1in = 2. 54cm）液晶屏实现界面显示，并通过 7 个按键实现界面的操作和仪器的开关。超声包络线信号通过 D/A 转换器转换为模拟信号，经滤波放大传送到耳机。

通信和信息存储功能方面，以多样化通信手段和多种方式存储数据为目标进行设计：ZYNQ 核心板提供了 eMMC、SPI Flash 和 DDR3 等存储器以及以太网和 USB 的物理层驱动和接口，方便从外部对其访问，实现程序下载、文件读取等功能。通过 TXS02612 实现 SDIO 扩展，使局部放电数据可以存储在大容量 SD 卡上。DS1338 通过 I2C 总线为 ZYNQ 提供实时时钟。串口转 WiFi 模块使局部放电数据支持无线访问，并可以通过 WiFi 进行相位同步。

8.2.2 传感器选型与设计

综合分析和对比当前常用的四种局部放电在线检测方法，结果见表8-1。

表8-1 四种局部放电在线检测方法对比

	TEV法	超声波	高频电流	UHF法
检测范围	小（仅限单个开关柜）	小（距离放电源小于5m）	大（覆盖相邻电缆接地线之间）	小（仅限单个开关柜或单个变压器）
定量分析功能	否（根据TEV幅值判断放电强度）	否（根据超声幅值判断放电强度）	是（根据脉冲电流计算得出放电量）	否（根据UHF强度判断放电强度）
干扰影响	电磁干扰	机械振动、环境噪声、声波反射	电磁干扰	高于300MHz的电磁干扰
适用场合	开关柜	开关柜、变压器	电缆为主	开关柜、变压器
优势	操作简单、实现容易、成本低廉	不受电磁干扰影响，具有放电源定位功能	契合电力电缆局放检测方法，检测范围大	不受较严重的300MHz以下电磁干扰
不足	受现场大量的电磁干扰影响，干扰程度越大，线性度越差	受检测距离限制，距离放电源超过5m则衰减表现明显	受现场大量的电磁干扰影响，放电量测量精度受到影响	对A/D转换器要求极高，成本昂贵

暂态地电压（TEV）方法原理简单、实现容易，通过对单个开关柜不同期的纵向测量和同期多个开关柜的横向测量，即可判断单个开关柜内局部放电情况。在此基础上再通过超声波检测法，可以判断局部放电源位置。这种在已经确定了发生局部放电的开关柜条件下进行的超声波检测方法，可以有效弥补超声波检测方法受检测距离的限制。

高频电流法不仅可以通过检测开关柜接地线上的脉冲电流来判断柜内的局部放电，还可以通过电缆接地线的脉冲电流来判断电缆的局部放电，从而弥补了TEV法和超声波检测法对电缆检测的空缺。

值得一提的是，局部放电所产生的TEV信号与高频脉冲电流信号的持续时间和频率相似，通过100MHz的A/D采样均能满足要求，同时其受到的电磁干扰源也十分类似，所以可以对TEV信号和高频电流信号设计统一的前端放大电路，实现TEV和高频电流的“二合一”，从而与超声波检测结合实现“三合一”，实现对开关柜、变压器、电力电缆等多种配电设备的局部放电在线检测，节省硬件电路的设计成本。

下面对超声波、TEV以及高频电流三种检测方法运用到的传感器原理、选型和设计进行介绍。

1. 超声波传感器

根据研究分析，在理想条件下局部放电所产生的超声波幅值与真实局部放电量成正比的关系。超声波传感器是一种可以将超声信号转化为电信号的器件，所以利用超

声波传感器采集超声信号，提取信号强度等信息可以间接反映局部放电强度。

最为理想的超声波传感器要求能够检测空间中各个方向的横波与纵波，并且覆盖尽可能大的振动频率范围（20kHz ~ 100MHz，甚至更大），同时还要具有较高的灵敏度以满足微弱的声波信号的提取。

以现有技术还无法实现上述超声波传感器的制造，而最常见的运用到局部放电的超声信号采集的传感器是压电型谐振传感器。其主要原理是通过压电晶片与声波的谐振，在压电晶片两端产生晶片谐振中心频率为主的振荡电压，从而实现了超声信号到电信号的转化。压电型谐振传感器的结构如图 8-2 所示。

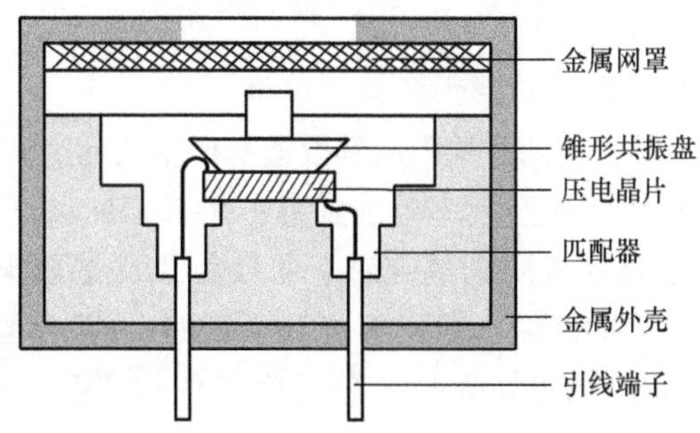

图 8-2　压电型谐振传感器结构

金属外壳和金属网罩对外界电磁干扰起到了屏蔽作用，防止电磁干扰耦合到电信号回路中，锥形共振盘则对压电晶片起到放大振幅的作用，但要求共振盘谐振频率与压电晶体一致。匹配器则对器件起到了固定作用。目前，压电材料的选取通常是以压电陶瓷为主的压电多晶体，而其中，锆钛酸铅（PZT－5）灵敏度较高，常用作超声波传感器的压电材料。常见的压电型谐振传感器的形式有图 8-3 和图 8-4 所示两种。AA 超声传感器外形如图 8-5 所示。

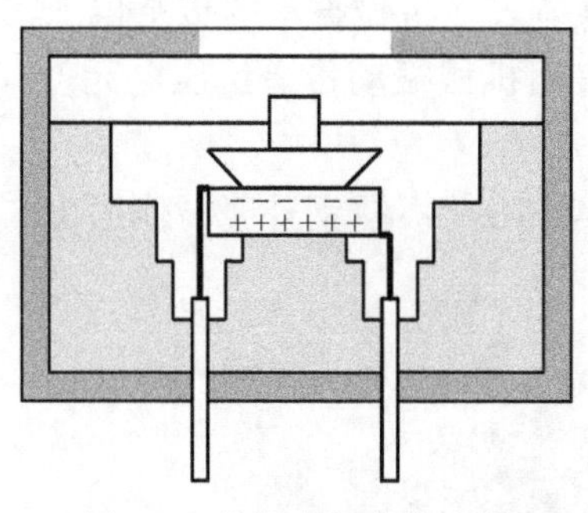

图 8-3　单端式超声传感器

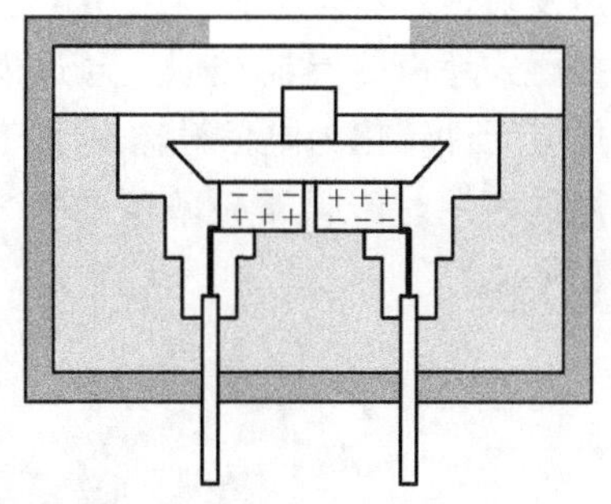

图 8-4　差动式超声传感器

不同型号的谐振式超声波传感器有着不同的中心频率、频率带宽和增益效果，这对传感器采集局部放电的声信号的能力至关重要。若频带较窄，则可以滤除通带以外的噪声干扰，提高灵敏度和信噪比，但同时由于其带宽的限制会丢失其他频段的超声波信号，造成信息量减少；若频带较宽，则可以通过频谱分析反映局部放电所产生的超声信号的频率响应，但同时也会引入较多的噪声干扰，降低信噪比，并且容易造成

a)

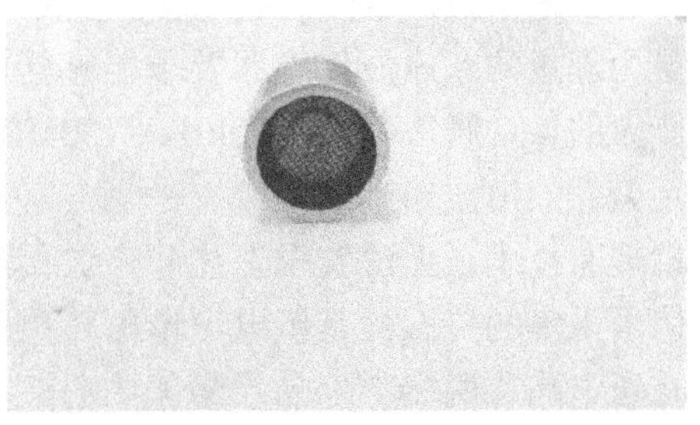

b)

图 8-5　AA 超声传感器外形图

不同频率的波形混叠，导致通过波形无法辨识放电。

根据研究，国内外学者将检测开关柜局部放电所产生的超声波频率范围定在 30kHz ~ 300kHz，而开关柜运行现场的噪声频率范围多集中在 40kHz 以下，《国家电网公司电力设备带电检测仪器性能检测方案》则规定对于非接触式局部放电的超声波传感器的中心频率应当设置在 10kHz ~ 60kHz 且带宽不应低于 3kHz。综合考虑后，设计采用中心频率为 40kHz，带宽为 3kHz 的 PROWAVE 公司生产的 400SR160 型号的谐振式压电传感器，具体性能参数见表 8-2。

表 8-2　400SR160 性能参数

尺寸/mm	中心频率/kHz	带宽（ -6dB)/kHz
ϕ16.2 × 12.0	40.0 ± 1.0	3.0

不同于非接触式超声检测的传感器选择，对于接触式超声，通常选用声发射(Acoustic Emission，AE)传感器，所以在局部放电检测行业内也将接触式超声称为 AE 超声。声发射传感器是一种专门用于检测被测物体表面机械振动的传感器，其基本结构与非接触式超声传感器类似。通过耦合面将表面机械振动传递给压电元件（PZT)，再通过压电元件转化为电信号输出。

采用的声发射传感器频率范围为 30kHz ~ 140kHz，不锈钢外壳，侧面 BNC 接头，如图 8-6所示。

图 8-6　AE 超声传感器

2. TEV传感器

开关柜内发生局部放电时，会在开关柜外表面产生暂态对地电压，通过TEV传感器提取TEV的幅值、脉冲持续时间、频率、相位以及波形等信息即可对开关柜内的局部放电进行检测和分析。通常采用电容耦合式传感器来检测开关柜外表面的暂态对地电压，其构造如图8-7a所示。

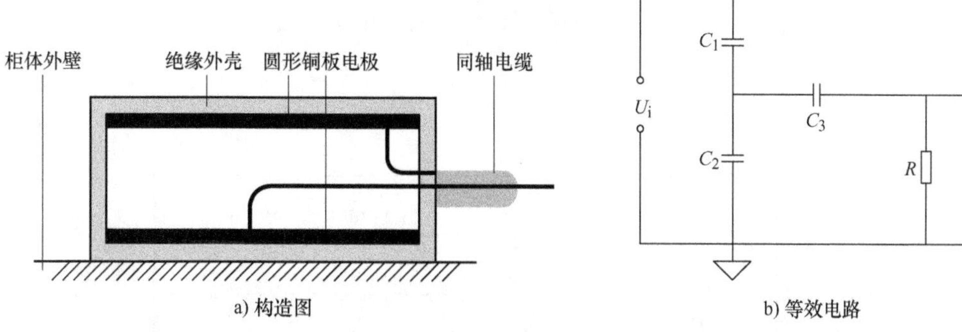

图8-7　TEV传感器原理图

绝缘外壳部分通常由聚氯乙烯（PVC）材料制成，在起到与开关柜外壁绝缘作用的同时也形成了传感器的整体构架，对金属电极起支撑防护作用。与BNC接头相连的同轴电缆也应当带有屏蔽层，从而减少来自外界的电磁干扰，传感器内部一般采用环氧树脂作为电介质进行填充。

TEV传感器构造图可等效为图8-7b所示的电路模型。将传感器紧贴开关柜外壁，则相当于在感应电极和柜体外壁构建了电容 C_1，而感应电极和传感器金属外壳则构建了分压电容 C_2，C_3 为耦合电容，R 为测量阻抗。根据电路原理可以得到电路模型的传递函数：

$$\frac{U_o}{U_i}=\frac{sC_1}{\dfrac{C_1+C_2}{RC_3}+s(C_1+C_2)+\dfrac{1}{R}} \tag{8-1}$$

在不考虑杂散电容和电感的影响的理论分析模型中可以看出，输出信号相对输入的暂态对地电压的幅频特性由该阻容电路的幅频特性决定。而电阻与电容的配合设计将影响采集信号的幅频特性，一般来说，匹配阻抗越大，则对于低频段的响应越好，匹配阻抗越大，则对低频段信号的抑制越好。TEV传感器外形如图8-8所示。传感器四角有四块磁铁，用于固定贴合在柜体表面。

根据《国家电网公司电力设备带电检测仪器性能检测方案》规定，TEV传感器对采集TEV信号的频率下限须低于3MHz，而上限应当高于60MHz。通过测试得到所采用传感器的幅频特性如图8-9所示，下限截止频率和上限截止频率分别为3MHz和62MHz。

3. 高频电流传感器

高频电流传感器的主要形式是Rogowski线圈（罗戈夫斯基线圈，简称罗氏线圈），它是由俄罗斯科学家罗戈夫斯基于1912年经理论证明和实践验证的一种电流转换电压

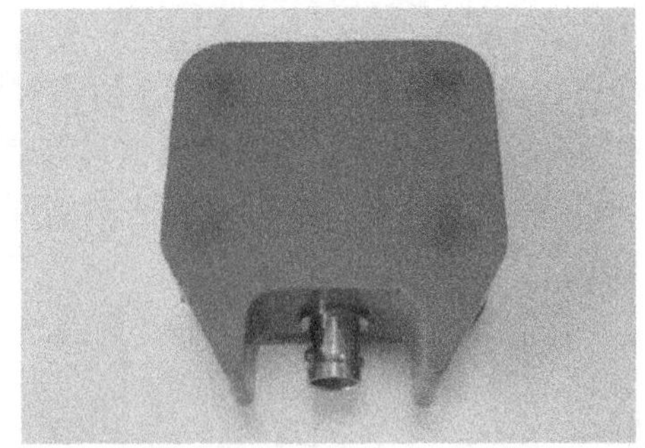

图 8-8　TEV 传感器外形图

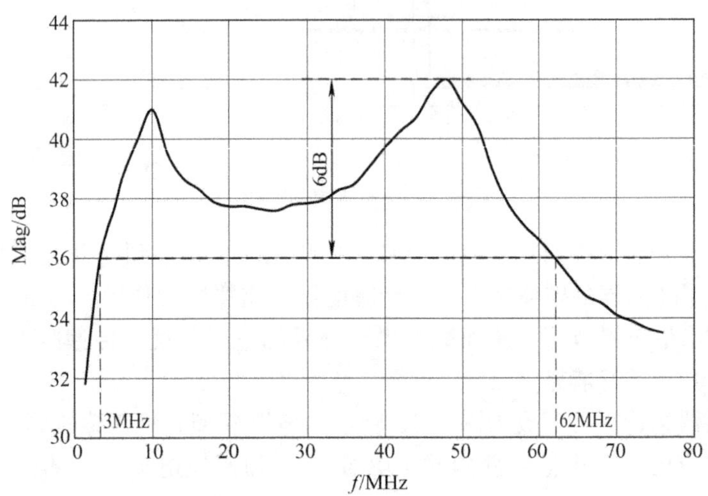

图 8-9　TEV 传感器幅频特性

的测量方法。罗氏线圈的机理与电流互感器类似，不同之处在于罗氏线圈内部是空心或由骨架支撑的，而骨架横截面根据需求有圆形、矩形、椭圆形等。罗氏线圈需要配合积分电路对所要测量的变化的电流进行还原。

罗氏线圈的基本构造如图 8-10 所示。

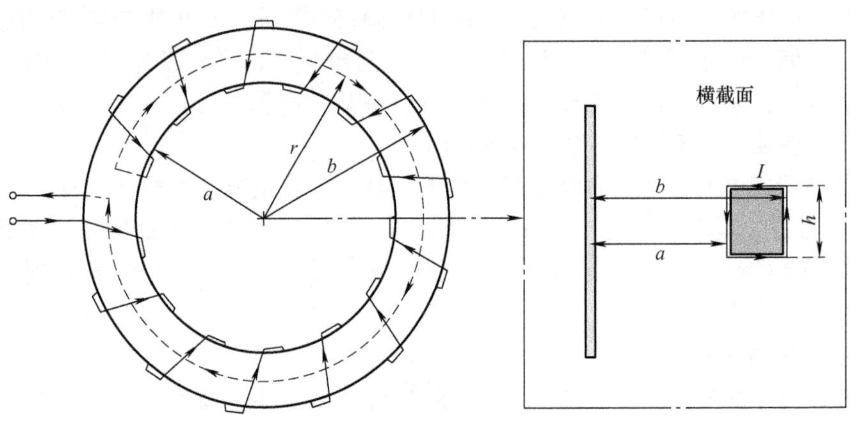

图 8-10　罗氏线圈基本构造图

由于罗氏线圈在感应被测电流变化的同时也会受到与电流方向相同或相反的变化磁场的影响，所以需要将线圈在骨架上螺旋环绕一周后再回绕到起点附近，抵消外部磁场的干扰。

根据法拉第电磁感应定律可推导得出线圈出线两端电动势与线圈所包覆磁场存在如下关系：

$$e(t) = N\frac{\mathrm{d}\Phi}{\mathrm{d}t} = N\frac{\mathrm{d}\left(\int \boldsymbol{B}\cdot \mathrm{d}\boldsymbol{S}\right)}{\mathrm{d}t} = N\frac{\mathrm{d}\left(\int \mu_r\mu_0 \boldsymbol{H}_{\mathrm{avg}}\cdot \mathrm{d}\boldsymbol{S}\right)}{\mathrm{d}t} \tag{8-2}$$

式中，$\boldsymbol{H}_{\mathrm{avg}}$为在半径为$\rho$的圆周上，所测量导线上的电流所产生的平均磁场强度；N为线圈匝数；μ_r和μ_0分别为相对磁导率和真空磁导率，S为骨架横截面积。

为方便计算，将线圈骨架横截面类型设为矩形，高度为h，则出线两端电动势为

$$e(t) = N\frac{\mathrm{d}\left(h\int_a^b \mu_r\mu_0 H_{\mathrm{avg}}\mathrm{d}\rho\right)}{\mathrm{d}t} \tag{8-3}$$

而根据安培环路定律推导有

$$H_{\mathrm{avg}} = \frac{i(t)}{2\pi\rho} \tag{8-4}$$

则结合式(8-3) 可得电动势与所测电流关系如下：

$$\begin{aligned} e(t) &= N\frac{\mathrm{d}\left(h\int_a^b \mu_r\mu_0 \frac{i(t)}{2\pi\rho}\mathrm{d}\rho\right)}{\mathrm{d}t} \\ &= N\frac{\mu_r\mu_0 h}{2\pi}\ln\frac{b}{a}\frac{\mathrm{d}i(t)}{\mathrm{d}t} \end{aligned} \tag{8-5}$$

设$M = N\frac{\mu_r\mu_0 h}{2\pi}\ln\frac{b}{a}$，代表罗氏线圈的互感系数，则有

$$e(t) = M\frac{\mathrm{d}i(t)}{\mathrm{d}t} \tag{8-6}$$

罗氏线圈通常采用自积分式负载实现积分，具体电路如图8-11所示。

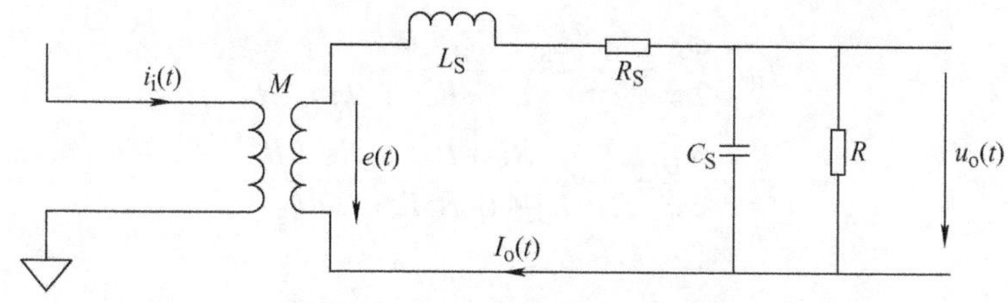

图8-11　罗氏线圈自积分式电路

图中，M代表式(8-6) 所指互感系数，L_S代表罗氏线圈自感系数，R_S为线圈的等效电阻，C_S为线圈的等效杂散电容，R为罗氏线圈所匹配的积分用电阻。

则根据电路原理和非线性元件特性，有以下方程：

$$\begin{cases} e(t) = M\dfrac{\mathrm{d}I_{\mathrm{i}}(t)}{\mathrm{d}t} \\ e(t) = L_{\mathrm{S}}\dfrac{\mathrm{d}I_{\mathrm{o}}(t)}{\mathrm{d}t} + R_{\mathrm{S}}I_{\mathrm{o}}(t) + U_{\mathrm{o}}(t) \\ I_{\mathrm{o}}(t) = C_{\mathrm{S}}\dfrac{\mathrm{d}U_{\mathrm{o}}(t)}{\mathrm{d}t} + \dfrac{U_{\mathrm{o}}(t)}{R} \end{cases} \tag{8-7}$$

通过上述方程得出输出电压与输入电流间的传递函数为

$$H(s) = \frac{U_{\mathrm{o}}(s)}{I_{\mathrm{i}}(s)} = \frac{MRs}{L_{\mathrm{S}}C_{\mathrm{S}}Rs^2 + (L_{\mathrm{S}} + C_{\mathrm{S}}R_{\mathrm{S}}R)s + (R_{\mathrm{S}} + R)} \tag{8-8}$$

在忽略线圈杂散电容 C_{S}影响，并且当线圈自感的感抗远大于线圈电阻时，即 $\omega L_{\mathrm{S}} \gg R_{\mathrm{S}} + R$ 的情况下，可以将传递函数简化为

$$H(s) = \frac{\left(\dfrac{MRs}{L_{\mathrm{S}}}\right)}{s + \left(\dfrac{R_{\mathrm{S}} + R}{L_{\mathrm{S}}}\right)} = \frac{MR}{L_{\mathrm{S}}} \tag{8-9}$$

从传递函数可以看出，在这种情况下输出电压和输入的电流呈线性关系，这也就是自积分型罗氏线圈的基本机理。

将 $s = \mathrm{j}\omega$ 带入式(8-8) 得到传递函数的频域形式，即

$$H(\mathrm{j}\omega) = \frac{-\omega^2 MR(L_{\mathrm{S}} + C_{\mathrm{S}}R_{\mathrm{S}}R)}{(R_{\mathrm{S}} + R - L_{\mathrm{S}}C_{\mathrm{S}}R\omega^2)^2 + [(L_{\mathrm{S}} + C_{\mathrm{S}}R_{\mathrm{S}}R)\omega]^2} + \mathrm{j}\frac{\omega MR(R_{\mathrm{S}} + R - L_{\mathrm{S}}C_{\mathrm{S}}R\omega^2)}{(R_{\mathrm{S}} + R - L_{\mathrm{S}}C_{\mathrm{S}}R\omega^2)^2 + [(L_{\mathrm{S}} + C_{\mathrm{S}}R_{\mathrm{S}}R)\omega]^2} \tag{8-10}$$

则有自积分式负载罗氏线圈的幅频特性，即

$$|H(\mathrm{j}\omega)| = \frac{MR}{L_{\mathrm{S}} + C_{\mathrm{S}}R_{\mathrm{S}}R}\frac{1}{\sqrt{1 + \left(\dfrac{\omega L_{\mathrm{S}}C_{\mathrm{S}}R}{L_{\mathrm{S}} + C_{\mathrm{S}}R_{\mathrm{S}}R} - \dfrac{R_{\mathrm{S}} + R}{\omega(L_{\mathrm{S}} + C_{\mathrm{S}}R_{\mathrm{S}}R)}\right)^2}} \tag{8-11}$$

采用 ±3dB 作为上下限频率计算依据，得到上限和下限截止频率，即

$$f_{\mathrm{H}} = \frac{\omega_{\mathrm{H}}}{2\pi} = \frac{1}{2\pi}\frac{L_{\mathrm{S}} + C_{\mathrm{S}}R_{\mathrm{S}}R}{L_{\mathrm{S}}C_{\mathrm{S}}R} \approx \frac{1}{2\pi C_{\mathrm{S}}R} \tag{8-12}$$

$$f_{\mathrm{L}} = \frac{\omega_{\mathrm{L}}}{2\pi} = \frac{1}{2\pi}\frac{R_{\mathrm{S}} + R}{L_{\mathrm{S}} + C_{\mathrm{S}}R_{\mathrm{S}}R} \approx \frac{R_{\mathrm{S}} + R}{2\pi L_{\mathrm{S}}} \tag{8-13}$$

带宽为

$$\text{Bandwidth} = f_{\mathrm{H}} - f_{\mathrm{L}} = \frac{1}{2\pi}\left(\frac{L_{\mathrm{S}} + C_{\mathrm{S}}R_{\mathrm{S}}R}{L_{\mathrm{S}}C_{\mathrm{S}}R} - \frac{R_{\mathrm{S}} + R}{L_{\mathrm{S}} + C_{\mathrm{S}}R_{\mathrm{S}}R}\right) \tag{8-14}$$

谐振频率为

$$f_0 = \sqrt{f_{\mathrm{H}} f_{\mathrm{L}}} = \frac{1}{2\pi}\sqrt{\frac{R_{\mathrm{S}} + R}{L_{\mathrm{S}}C_{\mathrm{S}}R}} \tag{8-15}$$

灵敏度为

$$K = |H(\mathrm{j}\omega)|_{\omega=\omega_0} = \frac{MR}{L_S + C_S R_S R} \tag{8-16}$$

自积分式罗氏线圈要求 $\omega L_S \gg R_S + R$，而由于要避免磁通饱和所采用的骨架或空心结构使得线圈自感不够大，所以要求线圈电阻尽量小。而要提高自感则需要增加线圈的匝数，这将导致导线增长，电阻增大；要减小线圈电阻，则需要减少导线长度或增大导线截面积，这又将导致匝数下降，自感变小。所以，合理地规划线圈匝数和电阻对高频电流传感器的性能有着重要的影响。高频电流传感器外形如图 8-12 所示。本文所采用高频电流传感器通带频率范围为 6MHz～32MHz，通过信号发生器改变正弦信号频率所得幅值测量结果如图 8-13 所示。

图 8-12　高频电流传感器外形图

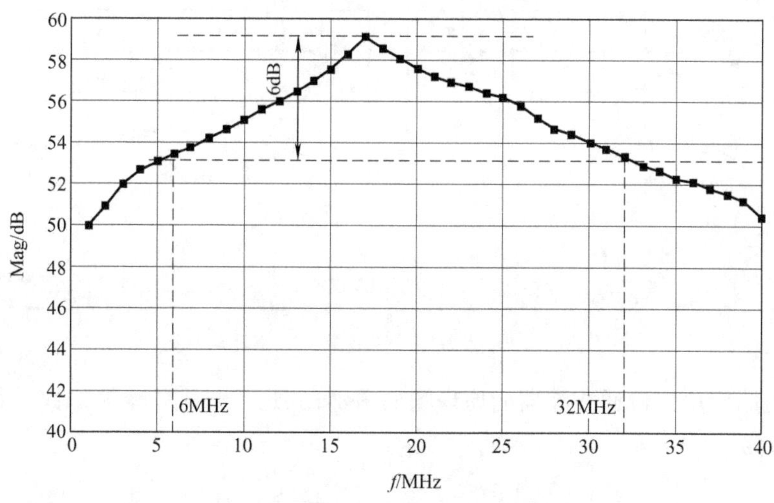

图 8-13　高频电流传感器幅频特性曲线

8.2.3　信号调理与 A/D 转换电路设计

通过传感器将局部放电信号转换得到的电信号无法直接进入 A/D 转换单元，需要经过信号调理电路的放大、滤波、隔离等处理，对原始信号进行一定的降噪处理，并

且使输入模拟信号契合 A/D 转换单元的量程。

1. 低频采样通道信号调理电路

AA 传感器和 AE 传感器所转换而来的电信号幅值通常为 μV 级别到 10μV 级别，其测量单位也一般定义为 dBμV，即 1μV 幅值的电信号对应 0dB 的测量结果，实际使用时可以让 0dB 对应一定的基础 μV 值代表底噪大小。由此可见，转化的电信号必须经过信号放大才能满足数据采集单元的精度要求，通常需要将信号放大到 100mV 级别进行 A/D 转换，所以需将信号放大 10000 倍左右。

超声转换的电信号的前端电路由多级滤波放大和单端转差分电路组成，单端转差分电路利用正负跟随原理，故放大倍数为 2 倍，则多级放大电路放大倍数为 5000 倍。

对于 AE 超声滤波放大电路，设计四级运放所组成的滤波放大电路，通带范围为 30kHz ~ 140kHz，滤波器类型为切比雪夫 I 型，在过渡带的增益下降比较迅速，电路类型为多端负反馈（Multiple Feedback，MFB）电路。运用市面常见元件对理想元件数值进行修正，并适当提高增益倍数，得到电路和理论幅频响应曲线如图 8-14 和图 8-16 所示。

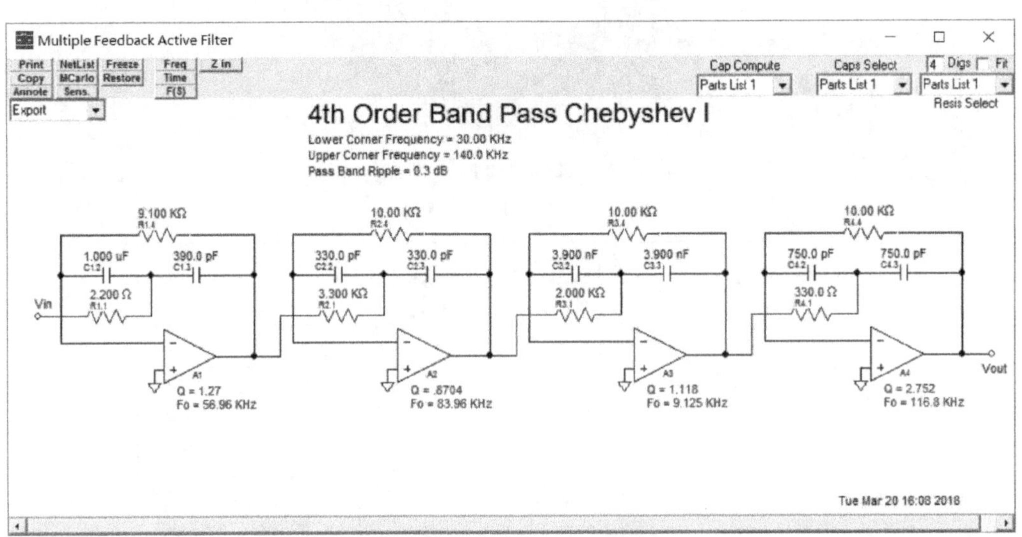

图 8-14　AE 超声信号滤波放大电路元件参数

MFB 电路应用到带通滤波器的原理图如图 8-15 所示。根据 MFB 电路的结构可以得到传递函数为

$$H(s)=\frac{U_{\mathrm{o}}(s)}{U_{\mathrm{i}}(s)}=\frac{-\dfrac{1}{R_1C_2}}{s^2+\dfrac{1}{R_2}\left(\dfrac{1}{C_1}+\dfrac{1}{C_2}\right)s+\dfrac{1}{R_1R_2C_1C_2}} \tag{8-17}$$

之后推导得出品质因数 Q 和谐振频率 f_0，即

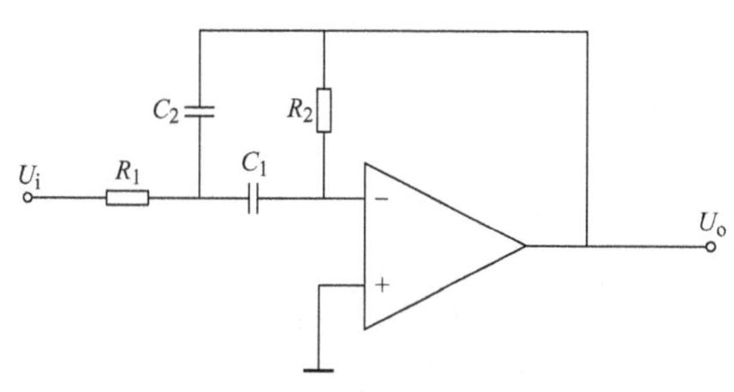

图 8-15　MFB 带通滤波原理图

$$Q = \frac{\sqrt{R_2/R_1}}{\sqrt{C_1/C_2} + \sqrt{C_2/C_1}} \tag{8-18}$$

$$f_0 = \sqrt{\frac{1}{R_1 R_2 C_1 C_2}} \tag{8-19}$$

设计软件给出了四级运放电路各自的品质因数 Q 和谐振频率 f_0，而整个多级带通滤波电路就由这四级运放电路串联组成。

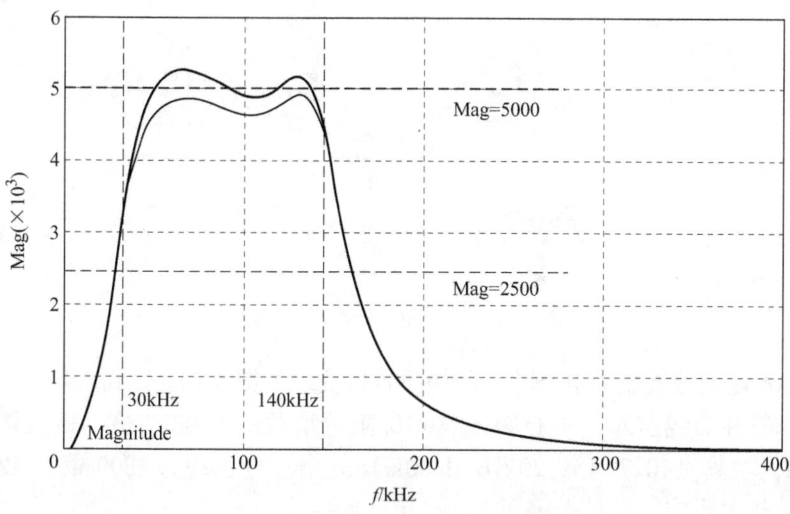

图 8-16　AE 超声信号滤波放大电路理论幅频特性

单端转差分输出的多级滤波放大电路如图 8-17 所示。Multisim 仿真所得幅频特性曲线如图 8-18 所示。可见，在 30kHz 和 140kHz 处增益分别为约 3139 倍和 3870 倍，通带中的最大增益为 11700 倍（67.7kHz）。结果基本满足设计需求。

对于 AA 超声运放级数为四级，通带中心频率设为 40kHz，带宽 40kHz，使窄带谐振式传感器所传输的电信号尽量避免混入噪声干扰，滤波器类型为巴特沃斯型，在通带能够有较为稳定的幅频响应，电路类型为多端负反馈电路。

运用常见元件对理想元件数值进行修正，并适当提高增益倍数，得到电路和理论幅频特性曲线如图 8-19 和图 8-20 所示。

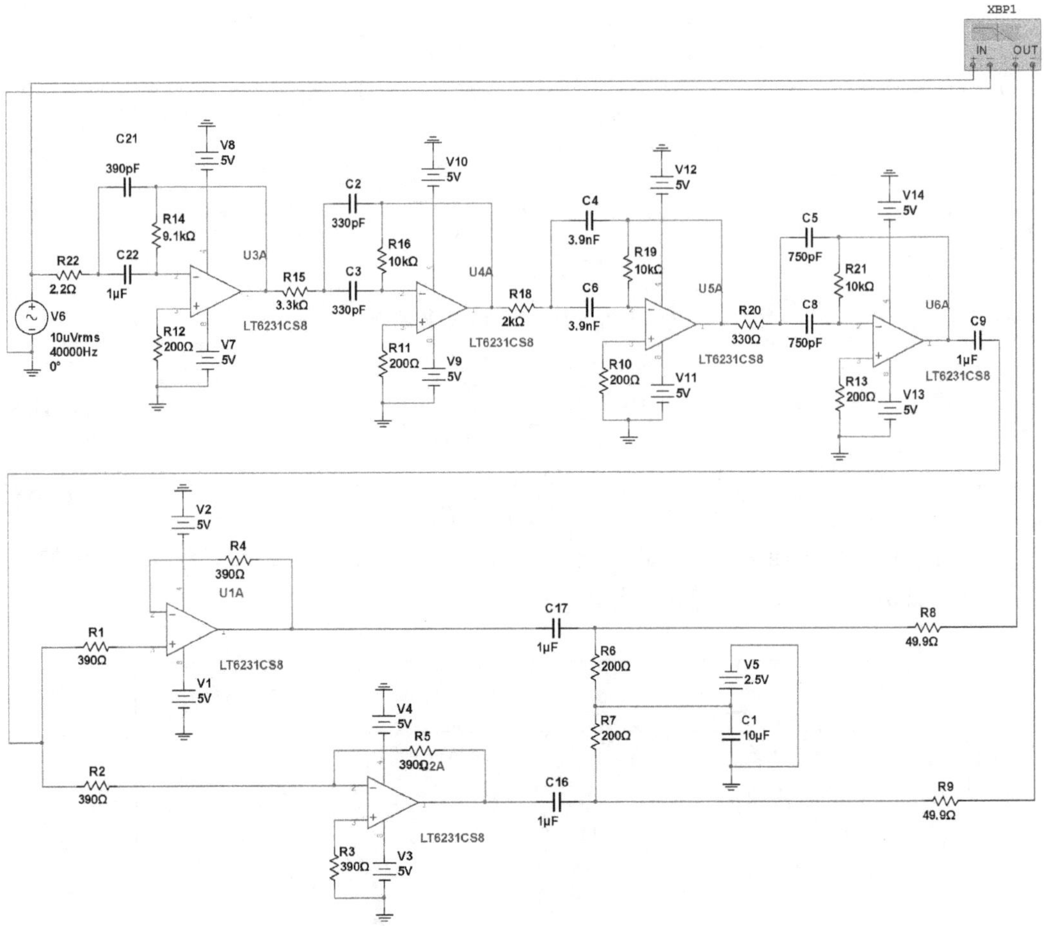

图 8-17　AE 超声滤波放大电路

进行 AA 超声滤波放大电路的实际幅频特性曲线如图 8-21 所示。

如幅频特性曲线所示，中心频率 40kHz 附近增益约为 9887 倍，最大增益出现在 42.388kHz，增益为 10170 倍，20kHz 和 60kHz 处增益分别约为 1809 倍和 4215 倍，基本满足滤波放大要求。

A/D 转换元件选用 Linear Technology 公司生产的 LTC2379IMS－18，其相比 LTC2379 其他型号有更大的工作温度范围和更小的尺寸，LTC2379IMS－18 是一款低噪声低能耗的高精度 A/D 转换元件，最高采样率可达 1.6Msps，通过 SPI 接口输出 18 位有符号数的采样数值。典型应用原理图如图 8-22 所示。输入参考电压配合前端运放为 5V，供电电压 2.5V，输出电压配合 ZYNQ 的 I/O 设定为 1.8V。

2. 高频采样通道信号调理与 A/D 转换电路

TEV 法采集的信号与高频电流法信号频率范围相似，均属于 100MHz 以下的高频信号，因此可以对其进行统一的数据采集单元和前端电路设计，本文选用 Linear Technology 公司生产的 LTC2145IUP－14 作为高频信号 A/D 转换元件。

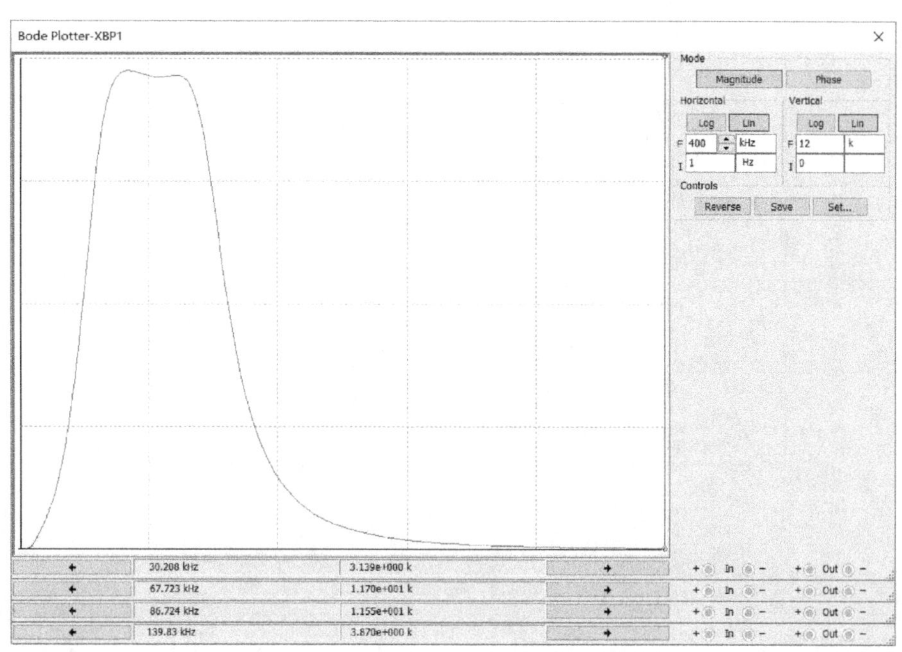

图 8-18 AE 超声滤波放大电路实际幅频特性

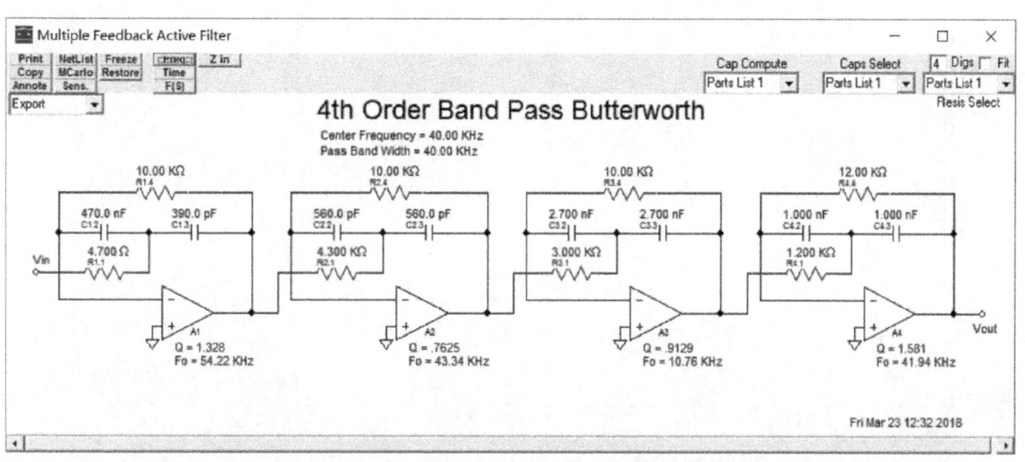

图 8-19 AA 超声信号滤波放大电路元件参数

LTC2145IUP－14 是一款高速 A/D 转换元件，最高采样率可达 125MHz，采用 14 位无符号数形式并行输出采样结果，单片 LTC2145IUP－14 支持两通道同步 A/D 转换，信噪比高达 73.1dB。LTC2145IUP－14 应用原理框图如图 8-23 所示。

A/D 转换电路采用变压器耦合电路，如图 8-24a 所示。1:1 射频变压器型号为 M/A－COM 公司的 ETC1－1T－2TR。变压器中心抽头接 U_{CM} 作为 A/D 输入的稳定直流偏置。

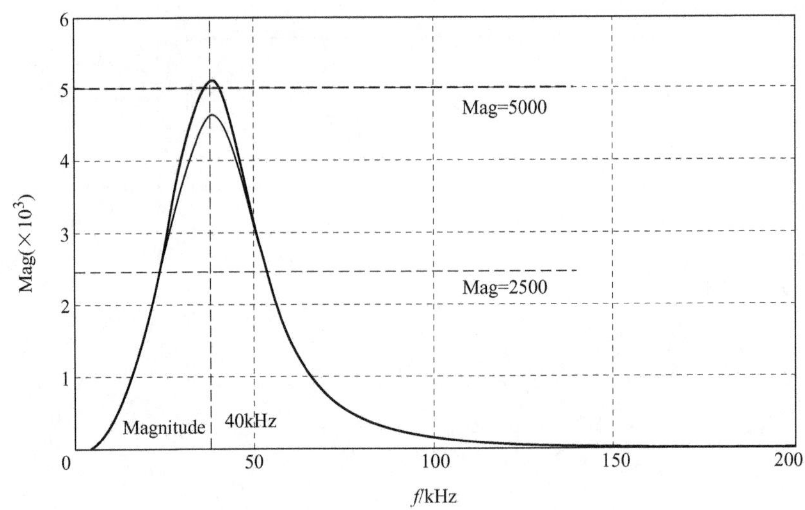

图 8-20　AA 超声信号滤波放大电路理论幅频特性曲线

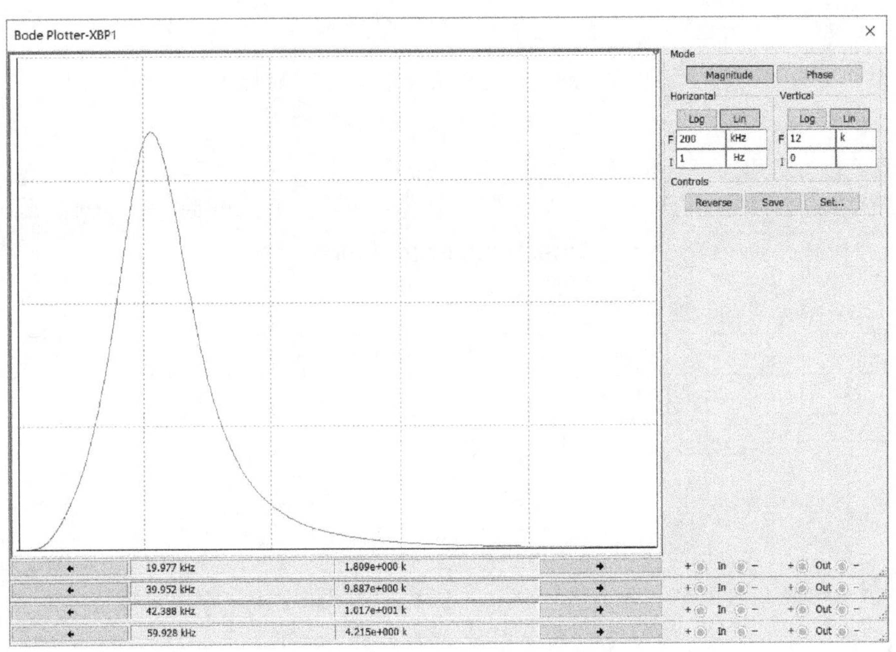

图 8-21　AA 超声滤波放大电路的实际幅频特性曲线

将 SENSE 引脚接 1.8V 的芯片供电电压，使参考电压选择模式为内部提供的 1.25V，则模拟输入的电压范围为 2V（±1V 之间）。

A/D 转换信号引脚接线采用技术单端信号控制模式，输入编码 ENC + 由 100MHz 晶振提供，输入电压为 1.8V，从而确定采样率为 100MHz。

因为这里设计仪器不要求动态切换 A/D 工作模式，所以为方便使用，将 PAR/SER 引脚接高电平，使 A/D 模式控制方式为电平控制而非 SPI 接口。

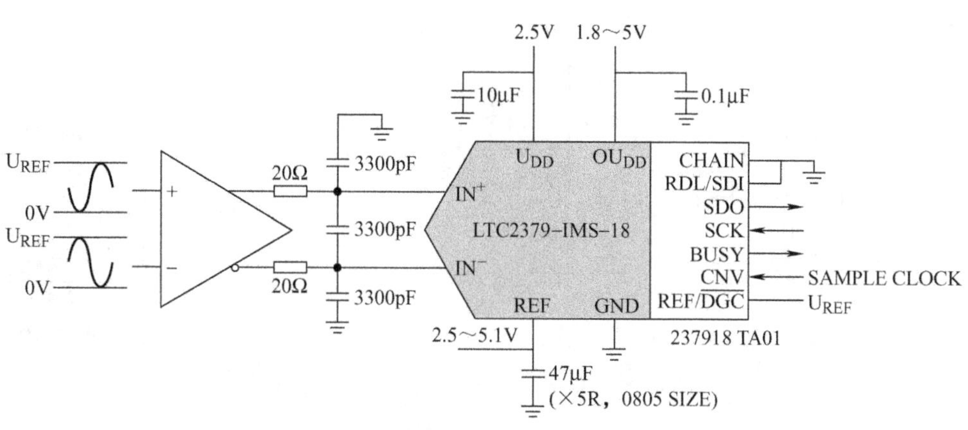

图 8-22 LTC2379IMS－18 典型应用原理图

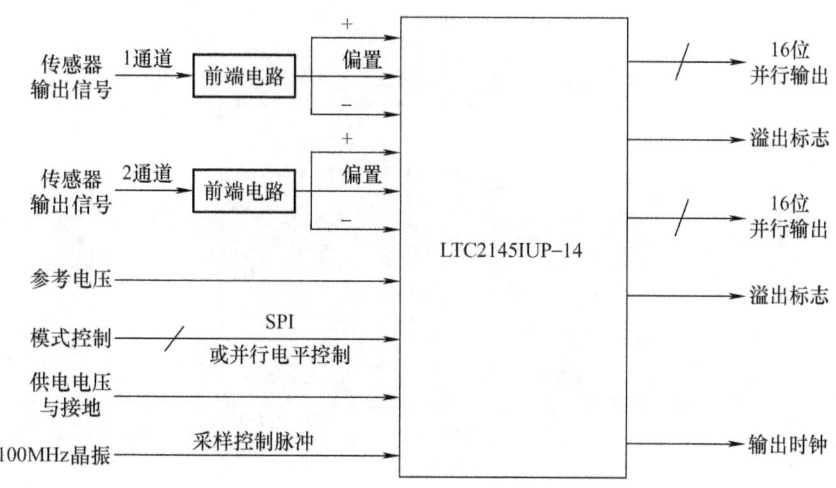

图 8-23 LTC2145IUP－14 应用原理框图

供电电压为 1.8V，通过若干 0.1μF 电容旁路接地并串联磁珠接 1.8V 输入电压，以滤除供电电压中的高频干扰，提供稳定的供电电压。

输出为两路 16 位并行输出，输出高电平为 1.8V，其中低两位恒为 0，输出码值为 0x0000～0xFFFF，对应从负参考电压到正参考电压。输出时钟 ADCLK 的周期与输出结果变换周期同步，需要作为 FPGA 的外部时钟输入，为并行数据的采集提供触发电平。当模拟输出超出参考阈值时，溢出标志位产生高电平。

8.2.4 电源管理模块

电源管理模块由 8.4V 锂电池提供，并配有 8.4V 充电口提供续航，通过集成电流检测放大器检测电源电压和电流，再通过降压型稳压器转换得到 5V、3.3V、2.5V 和 1.8V 作为不同供电电压提供给相应元器件。电源管理模块设计结构如图 8-25 所示。

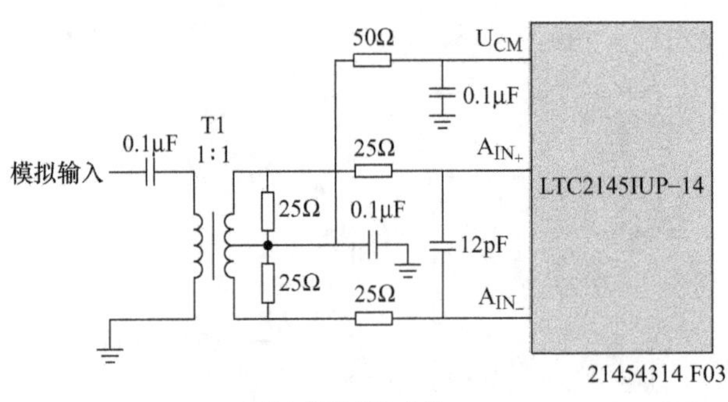

a) 输入信号前端电路

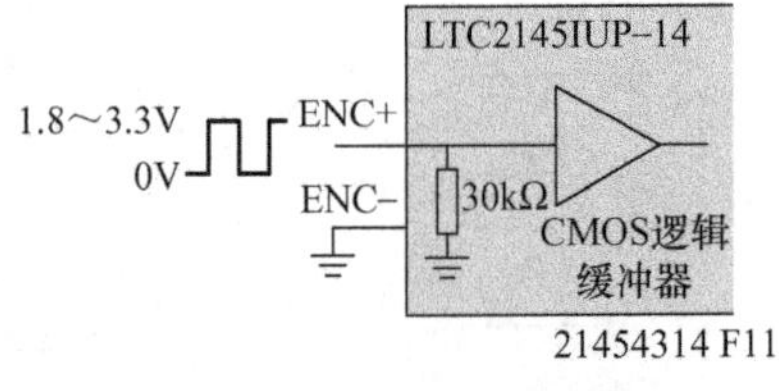

b) A/D 转换控制信号

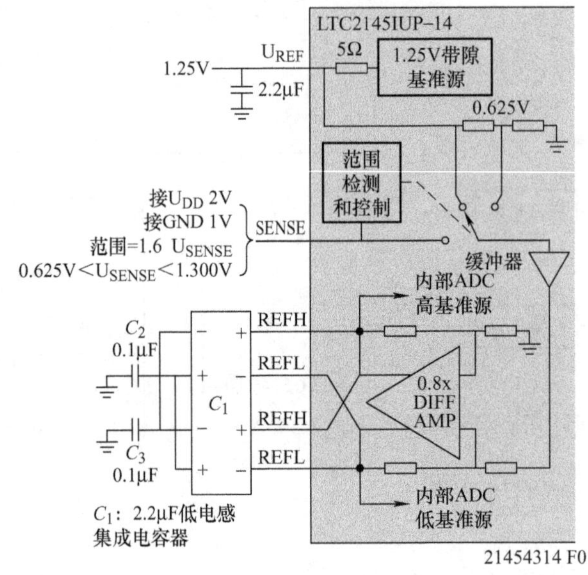

c) 参考电压配置

图 8-24　LTC2145 变压器耦合电路

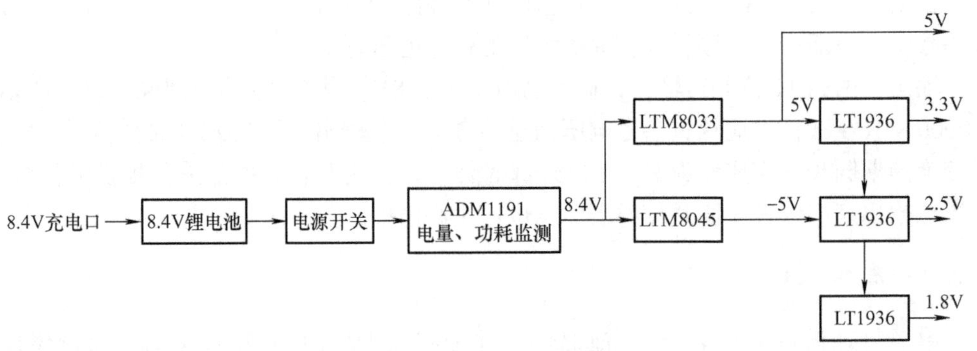

图 8-25　电源管理模块设计结构

集成电流检测放大器选用 Analog Devices 公司的 ADM1191 - 2ARMZ - R71 型号芯片，将 SETV 引脚接 1.8V 电压以提供 2A 过流告警，通过 UCC 引脚和 SENSE 引脚的采

样值进行放大和计算，得到电压、电流，并通过 I2C 接口发送给 ZYNQ 的 PS 部分，用于电池电量和功耗的监测，如图 8-26 所示。

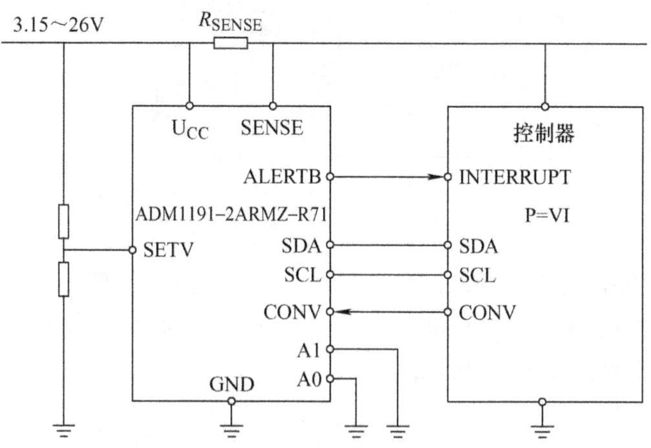

图 8-26　ADM1191－2ARMZ－R71 应用原理图

因为 5V 直流电压要提供给包括 ZYNQ 的众多器件，要求电压稳定，波动小，所以选用 Linear Technology 公司生产的 LTM8033 芯片提供 5V 直流电压，如图 8-27 所示。LTM8033 是一款超低噪声电磁兼容的降电压转换器，输出电流可达 3A。封装中内置了开关控制器和滤波器以提供稳定的输出电压。根据手册提供公式 $R_{ADJ}=394.21/(U_{OUT}-0.79)$（单位为 kΩ），将 R_{ADJ} 配置为 93.6kΩ，使输出电压为 5V，串联磁珠抑制输出电压中的高频成分。

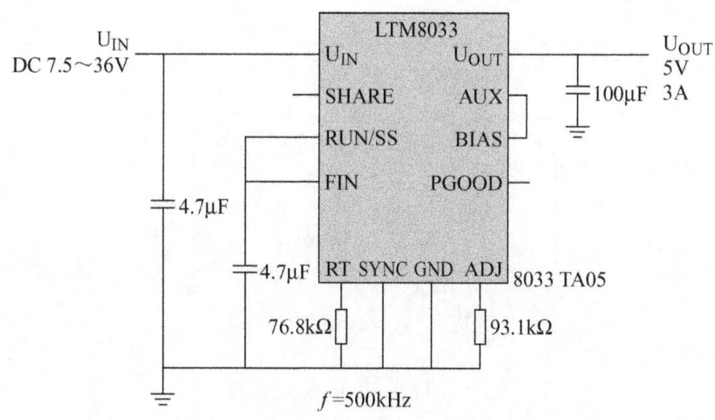

图 8-27　LTM8033 典型应用原理图

－5V 直流电压主要提供给电路中的运算放大器使用，由 Linear Technology 公司生产的 LTM8045 直流电压转换器件得到，－5V 转换电路如图 8-28 所示，输出端串联磁珠以抑制高频干扰。

经 LTM8033 转换的 5V 电平还要用于 DC/DC 转换的输入，从而产生 3.3V（LED 上拉电压、部分串口上拉电压、SDCard、eMMC 等外设供电、ZYNQ 的部分 I/O 电压参

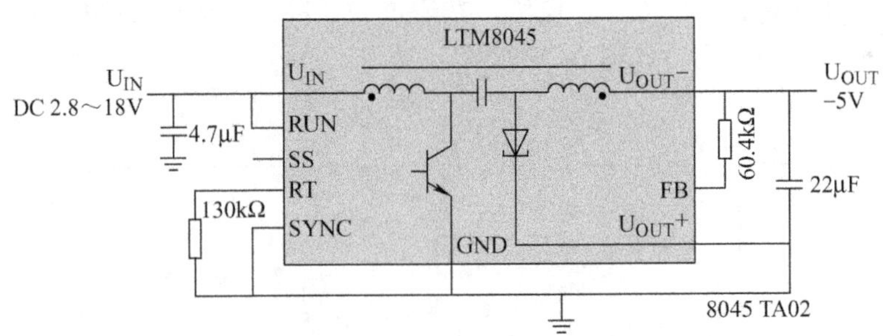

图 8-28　LTM8045 -5V 转换电路

考）、2.5V（LTC2379 供电）和 1.8V（部分 I/O 电压参考、部分串口上拉电压）的供电或电平参考。采用 Linear Technology 公司生产的 LT1936 步降开关稳压器实现 DC/DC 转换。电压转换电路如图 8-29 所示。

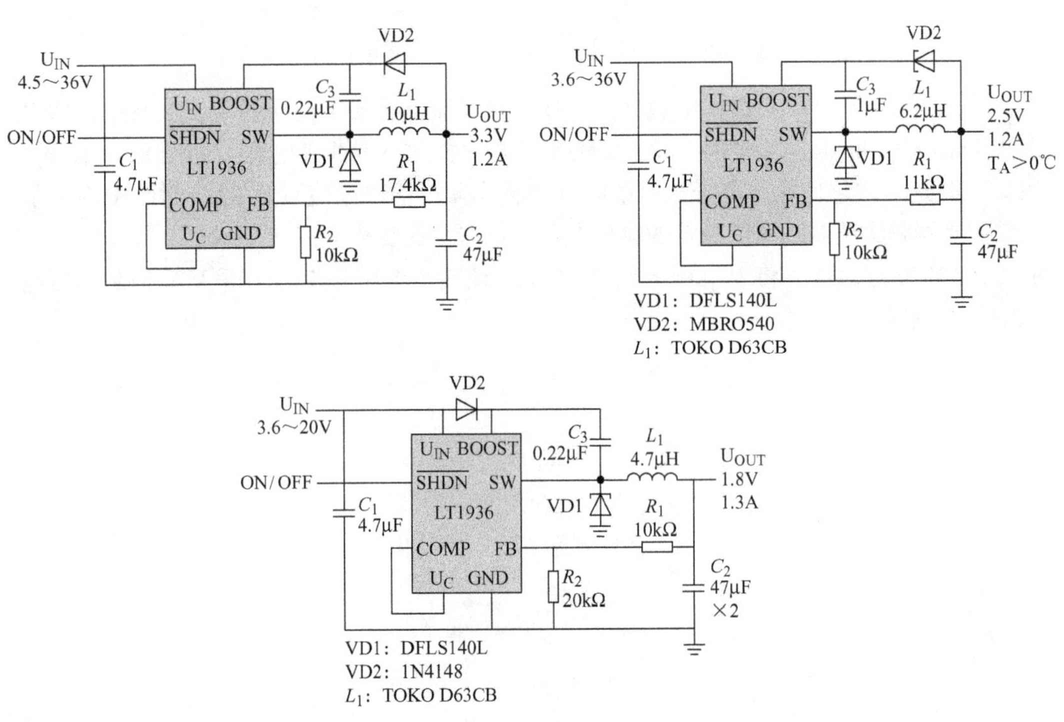

图 8-29　LT1936 应用电路

8.2.5　音频输出电路

低频的超声信号在经过包络线处理后可以经过 D/A 转换送至耳机，听取包络线信号声音来判断局部放电。一般来说，若测试现场没有局部放电，则通过耳机只能听到强度较小的底噪声；若存在局部放电，则可以听到连贯的、强度较大的声音，根据放电类型的不同和现场环境的不同，局部放电所产生的声音也会有不同的频率和波形。

首先通过 SPI 串行接口将数字信号从 ZYNQ 的 PL 端传送到 D/A 转换器件，转换为

模拟信号后再经过滤波放大，差分输出到耳机输入。D/A 转换器件采用 Linear Technology 公司生产的 LTC2642 芯片，支持 16 位无符号数的 D/A 转换。D/A 双极输出模式电路如图 8-30 所示。第一级运算放大器为信号跟随，第二级信号放大 40 倍，再经过 *RC* 滤波电路将模拟信号传输到耳机。

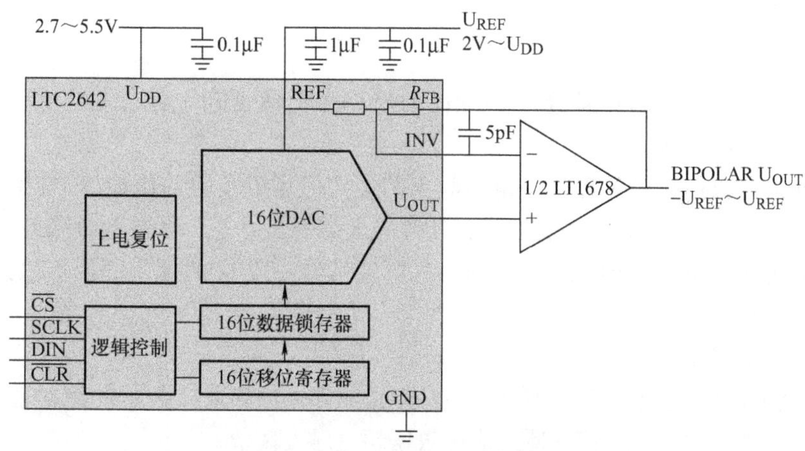

图 8-30　LTC2642 双极输出模式电路

8.3 便携式局部放电测试仪软件设计

局部放电检测仪器的软件系统设计基于 ZYNQ7020 嵌入式系统多核架构利用 ZYNQ7020 的 PL 部分完成高速、并行的局部放电信号降噪、数据处理等工作，而基于 Linux 操作系统的人机界面设计、外部存储设备访问、以太网和串口通信以及模式识别功能则在 PS 部分实现，如图 8-31 所示。下面分别对 FPGA 逻辑电路设计和人机界面进行介绍。

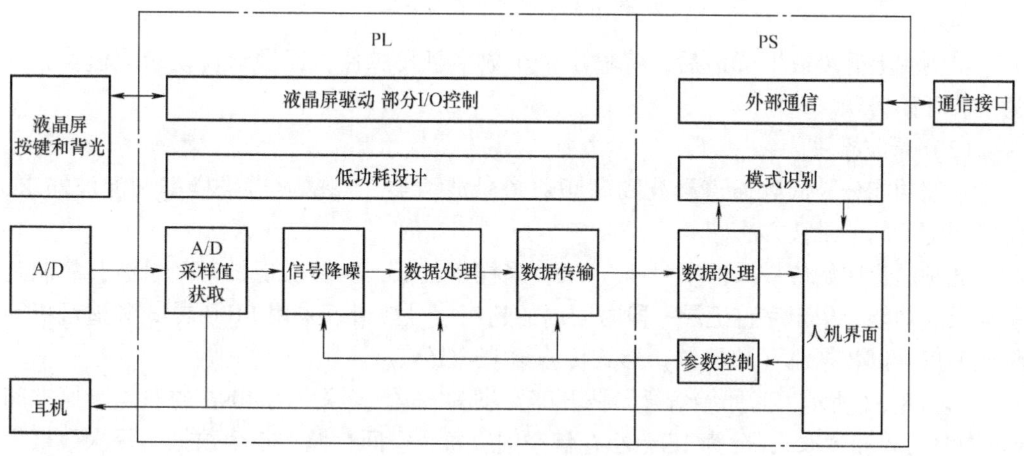

图 8-31　软件系统功能框图

8.3.1 FPGA 逻辑电路设计

FPGA 逻辑电路实现的功能包括降噪技术、数据处理和传输、低功耗设计等重要功能，下面分别对这些功能实现进行详细介绍。

1. 数据处理

(1) 常规数据输出

常规输出包括两个高频通道（100MHz）和两个低频通道（400kHz）的幅值统计以及高频通道的脉冲计数。

通过输入的码值比较计算出一定时间内的最大值和最小值并传输给 PS 部分进行计算。其中，对于高频数据每 1s 清零重新计算最大值和最小值，低频数据每 0.2s 清零重新计算。通过脉冲检测机制进行一定时间的脉冲计数，以 1s 时间为间隔传输给 PS 并清零重新计数。

(2) 脉冲检测

脉冲检测有两个触发条件，如图 8-32 所示：后一时刻采样数据的绝对值大于前一时刻绝对值（两者同号）；后一时刻采样数据超过触发阈值。

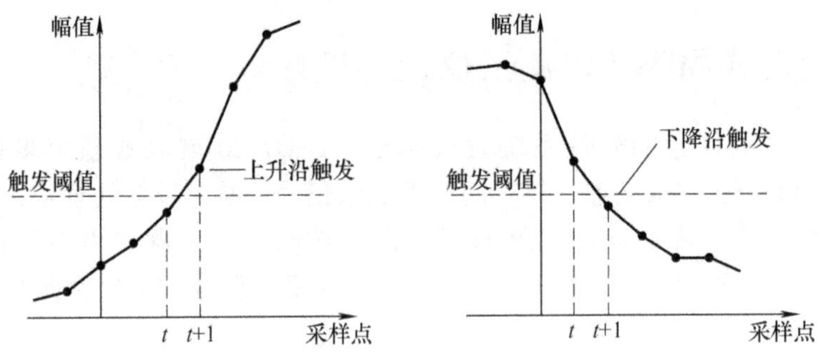

图 8-32 脉冲检测原理

检测到上升沿或下降沿后，将输出一个数字触发脉冲，提供给自动录波模块，作为录波开始信号。

(3) 录波模块

录波功能分为低频通道录波和高频通道录波两类。根据通道采样率和滤波需求，需要制定不同的录波方法。

低频通道原始信号采样率为 400kHz，采样率较低，容易实现长时间录波，故制定手动录波功能，用于完整记录一段时间内的超声信号波形。采用 FIFO 方式和追赶机制将低频信号以数据流（数据包）形式传输给 PS 部分。

如图 8-33 所示，为原始信号录波开辟宽度为 16 位，深度为 4096 的双端存储空间（可同时写入和读取），分为 16 个小存储空间，每个空间存储 256 个数据，每次数据上传时传输 empty 标志和一个小存储空间的数据流。当读取地址追赶上写入地址时，empty 置1，告知 PS 部分没有更多数据，在短时间等待后继续读取直到 empty 再次置 1，

写入地址追赶上读取地址时停止对 RAM 写入（合理设置读取时间间隔，一般不允许此情况发生）。

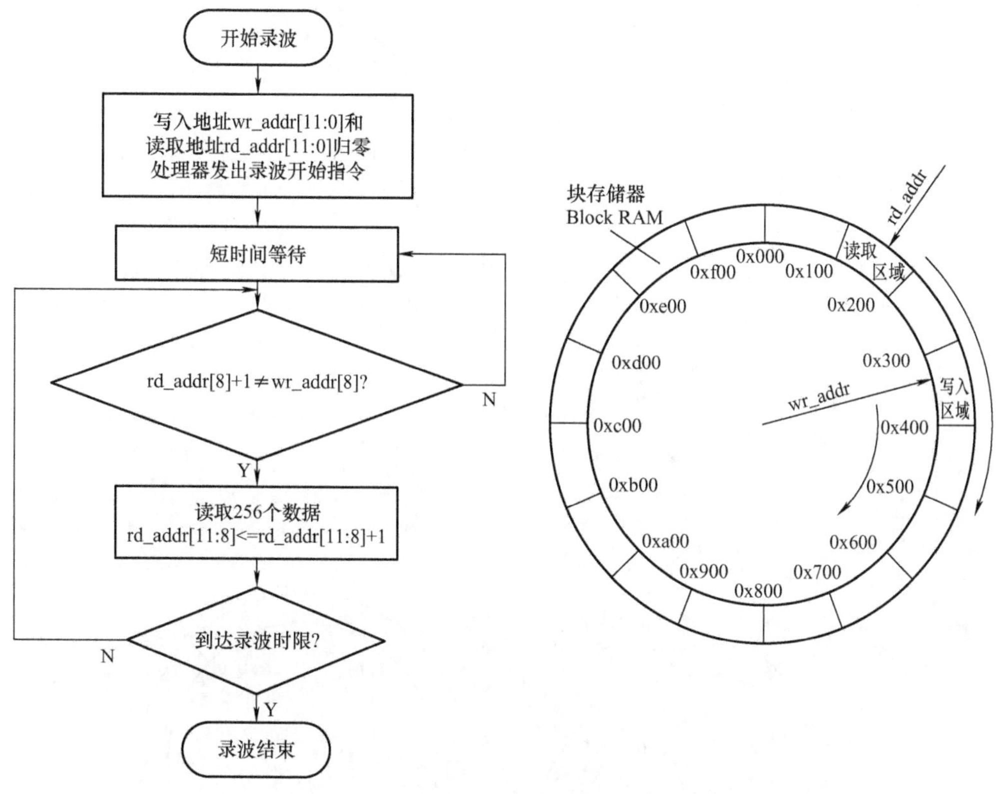

图 8-33　低频通道录波流程及存储器应用

包络线信号提取方法为对原始信号周期性取正数据的峰值，即上包络线，包络线采样率为 40kHz，对于该采样率，处理器系统可以在不占用过多资源的情况下对数据实时处理，故对于包络线信号，采用实时连续传输方式，即没有录波时间限制，并在每一个数据流（256 个数据）中加入一个时标，录波流程与原始信号处理相同。

高频通道采样率为 100MHz，很难实现实时连续录波，故通过块存储器暂存较少连续的采样点传输给处理器系统，设计长录波和短录波两种方式。

长录波方式记录连续的 4096 个采样数据，可以通过手动开启和脉冲触发两种信号控制长录波开始，录波完成后处理器系统从 FPGA 获取数据流，每次 256 个数据。对于脉冲触发的自动长录波方式，需要保留触发时刻之前的部分采样数据以保证数据的完整性，这里设定为 256 个数据，对块存储器的应用如图 8-34 所示。

短录波方式存储器应用如图 8-35 所示，开辟宽度为 16 位，深度为 2048 的双端存储空间（可同时写入和读取），分为 16 个小存储空间，每个空间存储 128 个数据，当接收到脉冲检测的触发信号时开始 128 点录波，包含 16 个触发时刻之前的数据以还原脉冲波形。与低频通道机制相同，通过 empty 标志反映存储空间写入情况，传输的数据流包含时标和 128 个采样数据。

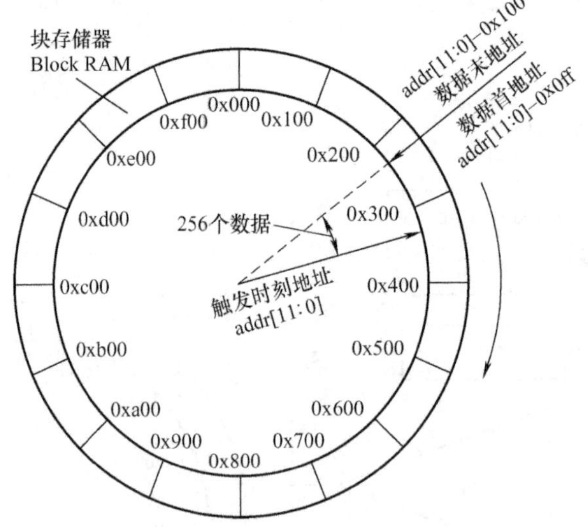

图 8-34　长录波方式存储器应用

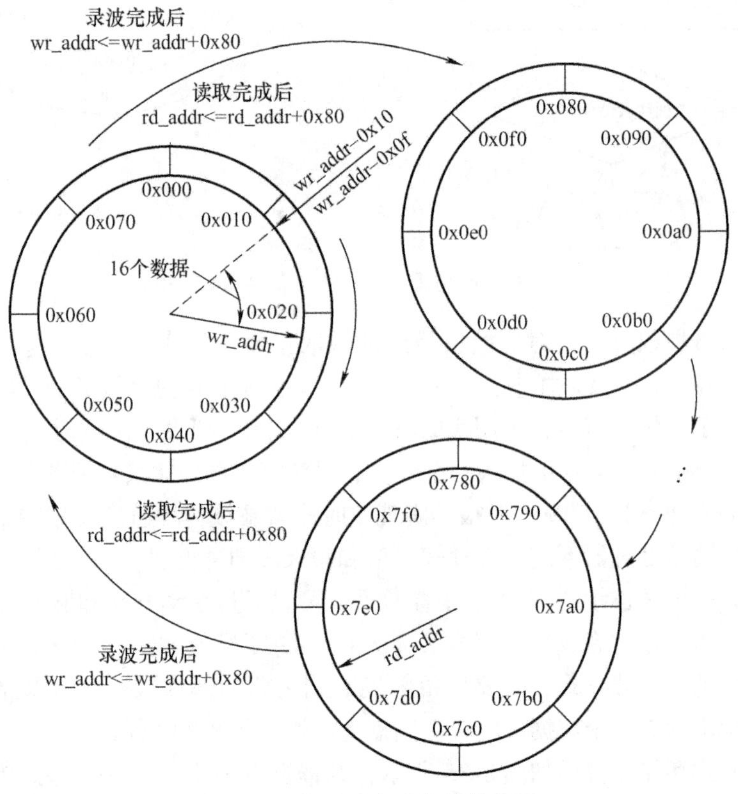

图 8-35　短录波方式存储器应用

（4）数据交互

ZYNQ7020 的 PL 部分负责底层数据的处理和计算以及部分外设驱动，PS 部分通过

操作系统处理上层的进程。PS和PL通过AXI总线进行通信，AXI总线是一种面向高性能、高带宽和低延时特性的片内总线协议。而其中的AXI4 - Stream协议则是在舍去总线地址项的基础上支持了无限制突发模式的数据传输，是一种面向高速数据流形式的总线协议。

PL向PS传输的录波数据长度较长，采用数据流形式进行传输可以提高效率并简化操作，开发软件Vivado16.4提供AXI4 - Stream Data FIFO的IP核，可以方便地将录波数据打包、快速传输给处理器系统。

为低频通道录波、高频通道长录波、短录波、PS控制寄存器、声音输出和时标计数器等模块分配地址映射，通过AXI4 - Stream Data FIFO和AXI Interconnect汇集到AXI4总线。

2. 信号降噪

(1) FIR滤波器

对于TEV信号和高频电流信号，在测试现场不只存在大量高次谐波、载波通信和保护信号、无线电信号和手机通信引起的周期性干扰，也存在开关关断、整流设备工作以及线路接触不良引起的脉冲性干扰，同时还有各种随机噪声干扰覆盖全频段。

由于局部放电产生的TEV信号和高频电流信号的脉冲上升时间通常为1ns～10ns级别，脉冲等效频率通常在1MHz到几十MHz之间，而高频信号采样率为100MHz，根据奈奎斯特定理，对于高频信号非常适合采用高通数字滤波器抑制现场大量干扰的引入。另一方面，采用数字滤波方式能够省去模拟滤波电路的设计，节省硬件电路空间。

下面以有限长单位冲激响应（Finite Impulse Response，FIR）滤波器形式在ZYNQ的FPGA逻辑部分实现数字滤波器算法。FIR滤波器处理公式如下。

$$y(n) = \sum_{k=0}^{N-1} h(k)x(n-k) \tag{8-20}$$

式中，$x(n-k)$ 为滤波器输入；$y(n)$ 为输出；$h(k)$ 为滤波器系数；N 为滤波器阶数。FIR滤波器主要通过延迟单元、乘法器和加法器组成，其信号处理的横向结构如图8-36所示。

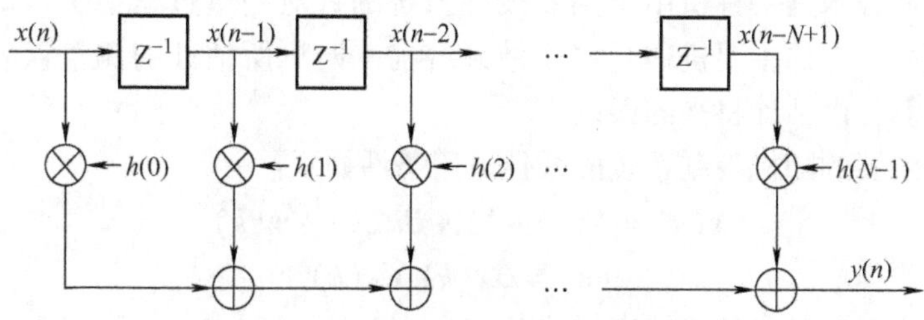

图8-36 FIR滤波器信号处理的横向结构

FIR滤波器应用的乘加运算相对简单，适合实时并行处理的FPGA模块实现，在满足快速响应的同时减轻了处理器系统的负担。

设计 500kHz 和 1.8MHz 两种高通 FIR 滤波器，方便不同场合需求使用，参数设置和伯德图如图 8-37 和图 8-38 所示。不同频率的峰值为 1V 的正弦信号经过两种滤波器后所得幅值变化见表 8-3。

表 8-3　经 FIR 滤波器幅频特性

频率	经 500kHz 高通滤波器后峰值		经 1.8MHz 高通滤波器后峰值	
	mV	dB	mV	dB
100kHz	10	-60.0	10	-60.0
500kHz	30	-30.0	13	-37.7
1.8MHz	320	-9.9	130	-17.7
10MHz	980	-0.2	970	-0.3

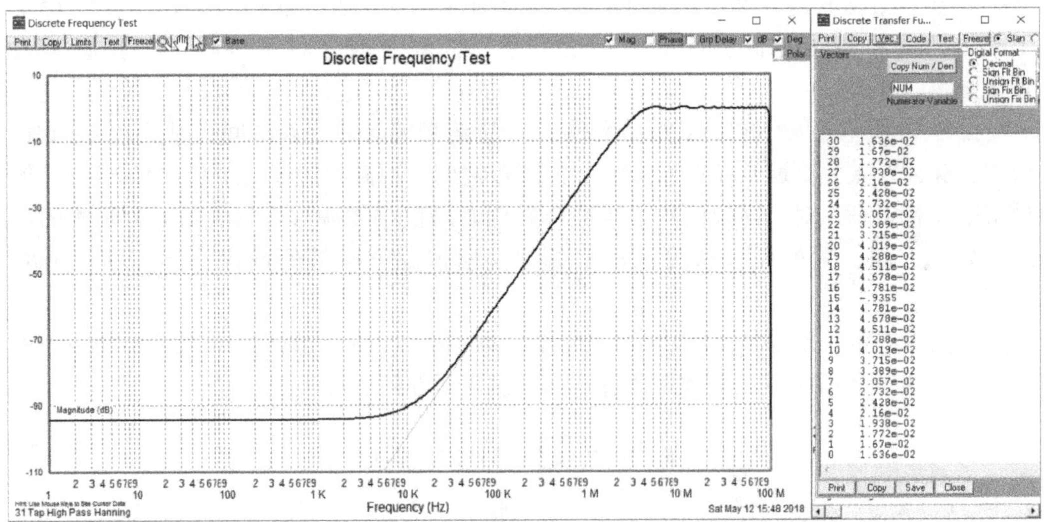

图 8-37　500kHz 高通滤波器参数设置和伯德图

(2) 卡尔曼滤波器

卡尔曼滤波技术是一种适用于离线线性系统的针对测量过程中引入的白噪声递归计算的滤波技术，它的主要机理是将离散系统前一时刻所估计的测量误差与当前的误差进行合并计算，以估计将来的误差。

卡尔曼滤波器的随机控制系统的最佳适用条件如下：

$$\boldsymbol{x}(k)=\boldsymbol{A}\boldsymbol{x}(k-1)+\boldsymbol{B}\boldsymbol{u}(k)+\boldsymbol{w}(k) \tag{8-21}$$

$$\boldsymbol{z}(k)=\boldsymbol{H}\boldsymbol{x}(k)+\boldsymbol{v}(k) \tag{8-22}$$

对于多输入、多输出的系统来说，其中，$\boldsymbol{x}(k)$、$\boldsymbol{x}(k-1)$ 表示 k 时刻和 $(k-1)$ 时刻的系统状态向量，$\boldsymbol{u}(k)$ 为系统输入的控制向量，$\boldsymbol{A}$ 和 $\boldsymbol{B}$ 为系统参数矩阵，$\boldsymbol{w}(k)$ 表示系统中的过程噪声（Process Niose）。$\boldsymbol{z}(k)$ 为 k 时刻系统实际的测量值（向量），

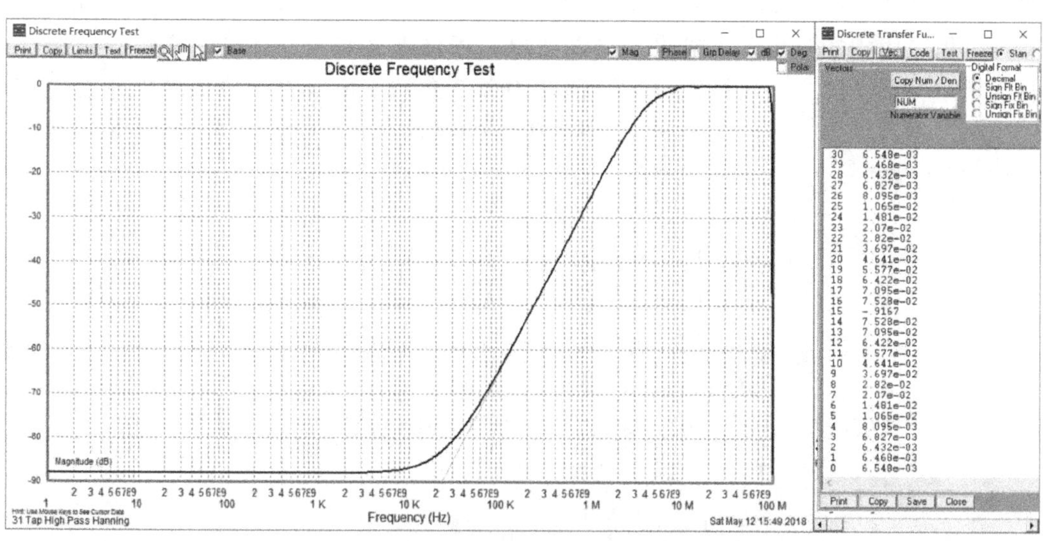

图 8-38 1.8MHz 高通滤波器参数设置和伯德图

它被描述成 k 时刻系统状态 $\boldsymbol{x}(k)$、系统参数矩阵 $\boldsymbol{H}$ 和测量噪声（Measure Noise）$\boldsymbol{v}(k)$组合。过程噪声和测量噪声满足高斯白噪声的条件，即时域波形服从高斯分布，频域服从均匀分布。

下面简单介绍卡尔曼滤波的核心算法。

首先是根据 $k-1$ 时刻的系统状态求出 k 时刻预测的系统状态向量，即

$$\boldsymbol{x}(k|k-1)=\boldsymbol{A}\boldsymbol{x}(k-1|k-1)+\boldsymbol{B}\boldsymbol{u}(k) \tag{8-23}$$

式中，$\boldsymbol{x}(k-1|k-1)$ 为（$k-1$）时刻的最佳预测结果，即 $k-1$ 时刻的系统状态，当前所应用到的滤波算法，可以认为没有控制量 $\boldsymbol{u}(k)$，即 $\boldsymbol{u}(k)=\boldsymbol{0}$。

设滤波误差的协方差矩阵为

$$\boldsymbol{P}(k|k-1)=\boldsymbol{A}\boldsymbol{P}(k-1|k-1)\boldsymbol{A}^{\mathrm{T}}+\boldsymbol{Q} \tag{8-24}$$

式中，$\boldsymbol{P}(k-1|k-1)$ 为（$k-1$）时刻的协方差矩阵，$\boldsymbol{P}(k|k-1)$ 为预测 k 时刻的协方差矩阵，$\boldsymbol{Q}$ 表示系统过程误差的协方差矩阵。

根据预测的系统状态 $\boldsymbol{x}(k|k-1)$ 和测量值 $\boldsymbol{z}(k)$ 得到最佳预测结果为

$$\boldsymbol{x}(k|k)=\boldsymbol{x}(k|k-1)+\boldsymbol{Kg}(k)(\boldsymbol{z}(k)-\boldsymbol{H}\boldsymbol{x}(k|k-1)) \tag{8-25}$$

$\boldsymbol{x}(k|k)$ 是由预测状态 $\boldsymbol{x}(k|k-1)$ 和测量值 $\boldsymbol{z}(k)$ 关于 $\boldsymbol{Kg}(k)$ 的加权和得出的，$\boldsymbol{Kg}(k)$ 表示为 k 时刻的卡尔曼增益（Kalman Gain），其计算方法如下：

$$\boldsymbol{Kg}(k)=\frac{\boldsymbol{P}(k|k-1)\boldsymbol{H}^{\mathrm{T}}}{\boldsymbol{H}\boldsymbol{P}(k|k-1)\boldsymbol{H}^{\mathrm{T}}+\boldsymbol{R}} \tag{8-26}$$

式中，$\boldsymbol{R}$ 表示系统过程误差的协方差矩阵，$\boldsymbol{H}^{\mathrm{T}}$为 $\boldsymbol{H}$ 的转置矩阵。

在 k 时刻的滤波误差协方差要作为下一时刻的已知量来计算下一时刻的滤波误差协方差，所以有 $\boldsymbol{P}(k|k)$ 的计算公式如下：

$$\boldsymbol{P}(k|k)=(1-\boldsymbol{Kg}(k))\boldsymbol{H}^{\mathrm{T}}\boldsymbol{P}(k|k-1) \tag{8-27}$$

这样通过式(8-24)、式(8-26) 和式(8-27) 可以构成闭环系统，实现 $\boldsymbol{Kg}(k)$ 的递

推计算。式(8-23)~式(8-27)就是描述了卡尔曼滤波器基本原理的5个重要公式。

这里应用到的单输入单输出的局部放电信号滤波的场合，系统状态向量可以简化为单个标量，协方差也可以由矩阵简化为单个参数，由于这里应用的卡尔曼滤波器不要求增益输出，以上式中的 $\boldsymbol{A}$、$\boldsymbol{B}$、$\boldsymbol{H}$ 也可以简化为1，令 $\boldsymbol{u}(k)=\boldsymbol{0}$，最后得到的简化公式组：

$$\begin{cases} x(k|k-1)=x(k-1|k-1) \\ p(k|k-1)=p(k-1|k-1)+Q \\ x(k|k)=x(k|k-1)+Kg(k)(z(k)-x(k|k-1)) \\ Kg(k)=p(k|k-1)/(p(k|k-1)+R) \\ p(k|k)=(1-Kg(k))p(k|k-1) \end{cases} \tag{8-28}$$

继续对式(8-28)进行简化，得到相邻时刻间的协方差间的递推关系，即

$$\begin{aligned} p(k|k) &= (1-Kg(k))p(k|k-1) \\ &= \left(1-\frac{p(k|k-1)}{p(k|k-1)+R}\right)p(k|k-1) \\ &= \left(1-\frac{p(k-1|k-1)+Q}{p(k-1|k-1)+Q+R}\right)(p(k-1|k-1)+Q) \\ &= \frac{R(p(k-1|k-1)+Q)}{p(k-1|k-1)+Q+R}(p(k-1|k-1)+Q) \end{aligned} \tag{8-29}$$

为了便于卡尔曼滤波器实际的在线检测运用，将 Q 和 R 设为定值，则经过递推式数列收敛分析可知 $p(k|k)$ 收敛，存在极限，设极限为 $\lim\limits_{k\to\infty}p(k|k)$，则有

$$\lim_{k\to\infty}p(k|k)=\frac{R(p(k-1|k-1)+Q)}{\lim\limits_{k\to\infty}p(k|k)+Q+R} \tag{8-30}$$

经过计算可得

$$\lim_{k\to\infty}p(k|k)=-\frac{Q}{2}+\sqrt{RQ+\frac{Q^2}{4}} \tag{8-31}$$

$$\lim_{k\to\infty}Kg(k)=\frac{-\frac{Q}{2}+\sqrt{RQ+\frac{Q^2}{4}}}{R-\frac{Q}{2}+\sqrt{RQ+\frac{Q^2}{4}}} \tag{8-32}$$

设 $m=R/Q$，则当系统的协方差稳定后，相邻时刻的最佳预测结果的递推关系为

$$\begin{aligned} x(k) &= \frac{-\frac{1}{2}+\sqrt{m+\frac{1}{4}}}{m-\frac{1}{2}+\sqrt{m+\frac{1}{4}}}z(k)+\frac{m}{m-\frac{1}{2}+\sqrt{m+\frac{1}{4}}}x(k-1) \\ &= Kgz(k)+(1-Kg)x(k-1) \qquad (0<Kg<1) \end{aligned} \tag{8-33}$$

Kg 表示系统的协方差稳定后的卡尔曼增益。由此可见，简化后的卡尔曼滤波器的输出递推关系与 R/Q 相关，通过单调性分析得出：当 R/Q 增大，则 Kg 减小，动态响应变慢，最佳预测结果中当前时刻输入值所占权重变小；当 R/Q 减小，则 Kg 增大，动态响应变快，最佳预测结果中当前时刻输入值所占权重变大。

为了 FPGA 中卡尔曼滤波模块的配置和计算的方便，不考虑 R 和 Q 的设定，直接对 Kg 进行配置。在 FPGA 的卡尔曼滤波模块中采用移位和乘加运算来实现小数运算，从而实现包含以小数形式出现的 Kg 的运算。

将 Kg 设定为 $n/64$，n 为 1～16 的整数［因为当 Kg 的值较大时（$Kg>16/64$），动态响应过快，测量中引入的白噪声的抑制效果较差，所以不予考虑］，分别对同一原始包络线信号进行卡尔曼滤波处理，得其响应效果见表 8-4。

表 8-4　不同卡尔曼增益下效果

卡尔曼增益 Kg	脉冲峰值		卡尔曼增益 Kg	脉冲峰值	
	μV	dB		μV	dB
1（原始）	159.2	44.04	8/64	98.7	39.89
16/64	121.8	41.71	7/64	95.6	39.61
15/64	119.3	41.53	6/64	91.1	39.19
14/64	117.0	41.36	5/64	85.0	38.59
13/64	114.3	41.16	4/64	77.0	37.73
12/64	111.2	40.92	3/64	66.9	36.51
11/64	108.9	40.74	2/64	53.7	34.60
10/64	106.2	40.52	1/64	37.0	31.36
9/64	102.8	40.24			

卡尔曼滤波效果如图 8-39 所示，纵坐标为传感器输出电压大小，单位为 μV，横坐标为采样点编号，采样率为 400kHz，即采样点间隔为 2.5μs。

将不同 Kg 设定情况下得到的输出信号转换成声音信号进行听声对比后，得出结论：当 $Kg<8/64$，所听声音中的底噪的抑制较为明显，原始的尖锐的底噪声在处理后属于人耳可接受的范围；当 $Kg\leqslant 3/64$，底噪声抑制更为显著，几乎听不到尖锐的底噪声，但同时对于局部放电的超声信号也有一定程度的明显抑制，可测量距离下降到 5m 以内，测量灵敏度受到了一定的影响。综合考虑，将 Kg 设定为 4/64，在低噪抑制效果良好的前提下保证了测量灵敏度。

通过对卡尔曼滤波技术进行条件简化的计算分析后，将超声波包络线信号的卡尔曼滤波处理流程进行了极大限度的简化，使其能够在不占用过多线网资源的情况下运用到 FPGA 对数据的实时处理中，一定程度上克服了卡尔曼滤波算法运用到 FPGA 实时数据处理系统中所带来的损耗过大、信号时延等问题。

通过卡尔曼滤波算法，实现了超声波信号取包络线之后听声辨识局部放电的功能，并且将该功能运用到了所能使用资源较少、要求数据实时性极强的便携式局部放电检测方法中，在原有的较为经典的分析超声波信号幅值、脉冲相位和波形的基础上增加了超声波检测方法的多样性。在一定程度上，听取包络线信号的声音来判断局部放电现象和类型的方法比分析超声波幅值、脉冲相位和波形的方法来得更为直观、快速，不失为超声波检测法中一种重要和优秀的手段。相关专家和接受培训的经验人士可以做到听声即可判断有无局部放电现象及局部放电类型，大大提高了工作效率和便利

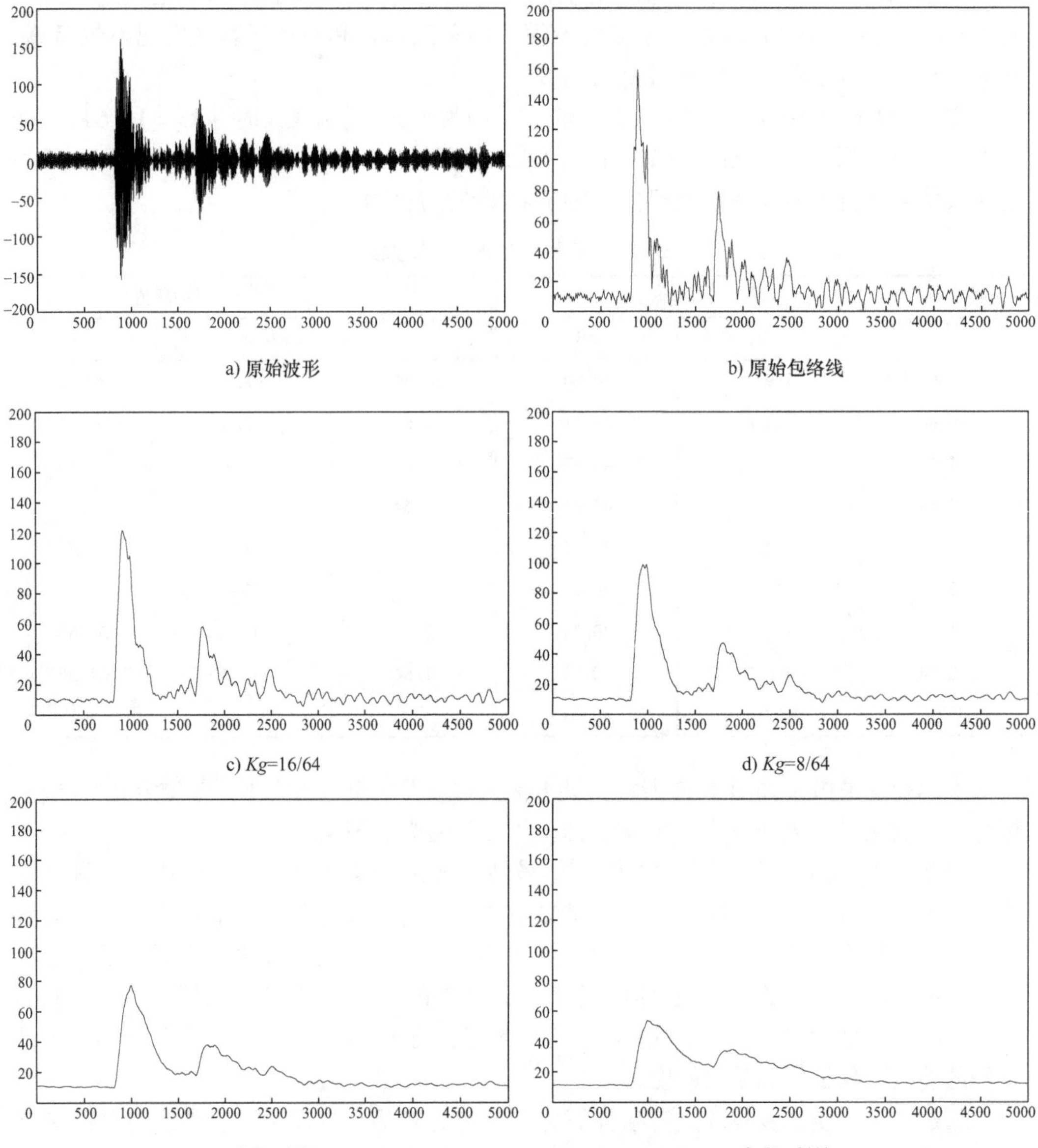

a) 原始波形

b) 原始包络线

c) Kg=16/64

d) Kg=8/64

e) Kg=4/64

f) Kg=2/64

图 8-39　卡尔曼滤波效果

程度。

3. 低功耗设计

对于便携式局部放电测试仪，由于要满足随处可用、灵活便捷的需求，无法为其配备固定的交流电源，仪器的供电通常都采用蓄电池供电方法。蓄电池储能有限，无法超长时间供电，而相关规定要求便携式的局部放电检测仪器待机时间至少为 4h。

对于 ZYNQ 系列芯片的电能消耗，PL 占了重要的一部分，而 PS 虽然也有大量消耗，但往往不利于节能优化。因此，为了使局部放电测试仪满足待机时长要求，需要

对 FPGA 的模块设计进行节能方面的优化。

FPGA 器件在工作过程中的主要能耗可以归结为静态能耗和动态能耗两部分：静态能耗指 FPGA 内部线网处于电平保持状态时消耗的电能，这部分能耗以芯片的漏电流为主，取决于芯片本身的特性，难以改善；动态能耗指驱动 FPGA 内部线网翻转所需要消耗的电能，这部分能耗取决于 FPGA 工程和模块的设计，减少不必要的电平翻转可以有效降低能耗。对于 FPGA 的某个 IP 核模块，当其驱动时钟信号停止翻转时，模块中的线网和输出也将停止翻转，通过对各个小模块的驱动时钟的使能控制，可以控制模块内所有线网的电平翻转。

对于 FPGA 中各个小模块的功能，可以大致分为三类：PS 与 PL 的数据交互、数据处理和外置设备驱动。具体包含内容见表 8-5。

表 8-5 FPGA 模块功能分类

分类	具体功能
数据交互	基本数据传输（PL 到 PS） 录波数据传输（PL 到 PS） 脉冲记录传输（PL 到 PS） 录音播放（PS 到 PL） 相位同步（PS 到 PL） 所有模块控制（PS 到 PL）
数据处理	峰值计算和脉冲技术等基本数据处理 超阈值自动录波和手动录波 脉冲记录 所有块存储器 FIR 滤波器 卡尔曼滤波器
外置设备驱动	LTC2379（低速 A/D）驱动 LCD 液晶显示屏驱动 按键灯、蜂鸣器

根据模块功能的基本分类，将局放测试仪的状态分为以下三类（见表 8-6）：

表 8-6 局放测试仪工作状态分类

仪器状态	功能描述
工作状态	所有数据交互和外设驱动功能均开启 数据处理模块中各功能按需开启
准待机状态	LCD 液晶显示屏亮度变暗 按键灯和蜂鸣器功能禁止 数据处理模块中各功能按需开启
完全待机状态	除 PS 到 PL 的模块控制功能开启外全部禁止

当检测仪器处于其某些功能没有开启或不需要使用的情况下，相关 IP 核模块的输入时钟可以统一拉低，通过 BUFGCE 语句可以实现时钟使能的全局缓冲，使用方法如图 8-40 所示。

CLK_I
CLK_O
CE

图 8-40　BUFGCE 语句模块

当使能位 CE 为高电平时，输出时钟提供输入时钟 I 的全局缓冲，当 CE 为低电平时，输出时钟停止翻转。

根据表 8-6 的三种状态，为工作状态和准待机状态分别配置全局时钟缓冲 BUGCE 语句，控制这些模块的能耗情况。

当仪器开机后将进入工作状态，工作状态中若没有进行按键操作的时间达到 3min，进入准待机状态，屏幕变暗，提示用户仪器即将待机，这时可以通过按任意键操作返回工作状态，若仍没有按键操作达到 5min，则仪器进入完全待机状态，可以通过按键唤醒，立即返回工作状态。

4. 高频采样信号同步

因为 LTC2145 通过外部 100MHz 晶振提供采样脉冲，所以并行输出与外部时钟同步，而 FPGA 对并行数据的采样通过 ZYNQ 内部提供的 100MHz 时钟提供触发脉冲，所以两路 16 位并行数据相对于 FPGA 为异步信号。若不对异步信号进行同步处理，必然以一定周期出现一连串数据在变位时进行的采样，导致数据采集出现错误值，对峰值统计、脉冲统计和录波等功能造成混乱。

在 FPGA 中加入最小深度的 FIFO 模块实现信号同步。输入（写入）时钟为外部时钟，输出（读取）时钟为内部时钟，若内部时钟频率略高于外部时钟，则 FIFO 以稳定的周期出现 empty（清空）现象，此时输出数据与前一刻数据相同；若内部时钟频率略低于外部时钟，则 FIFO 周期性出现 overflow（溢出）现象，此时将丢失一个输入数据。这种情况出现次数相比数据总体而言可忽略不计且不产生错误值，所以不考虑其影响。

综上，FPGA 逻辑电路实现的主要功能如图 8-41 所示。

8.3.2　人机界面设计

在 PS 部分搭载 Linux 操作系统，主要实现部分数据处理、外部存储设备的访问、以太网和串口通信、人机界面和模式识别功能。以下简要演示人机界面功能实现。

1. 常规数据显示

从 PL 获取的包括 TEV 通道和超声通道幅值的常规数据以数值变化的时序图形式显示，如图 8-42 和图 8-43 所示。

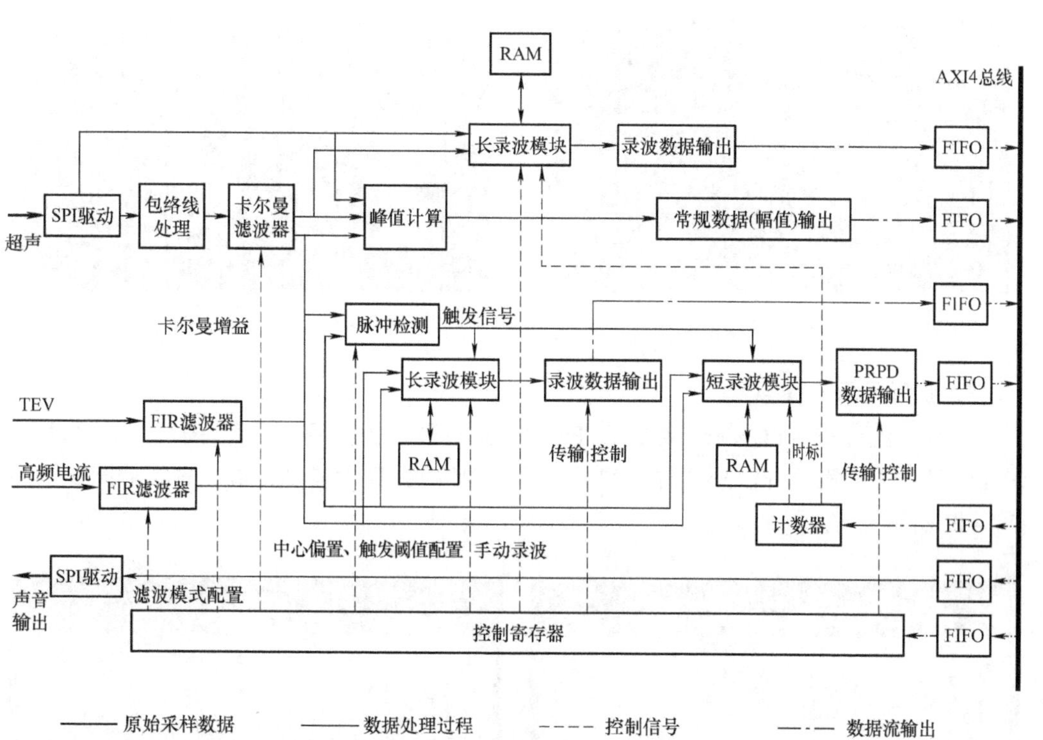

图 8-41　FPGA 主要功能实现

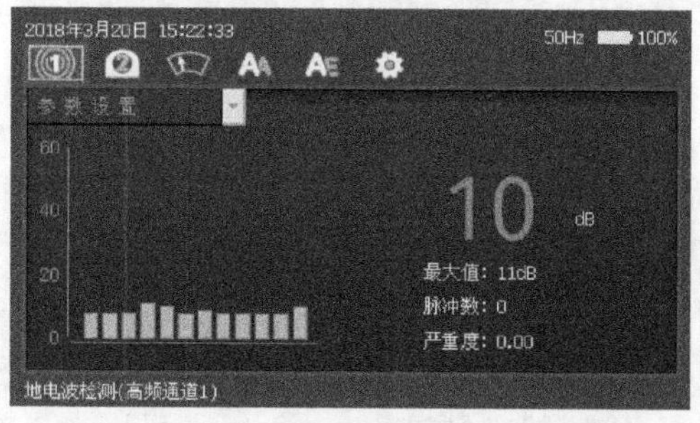

图 8-42　TEV 幅值变化时序图形

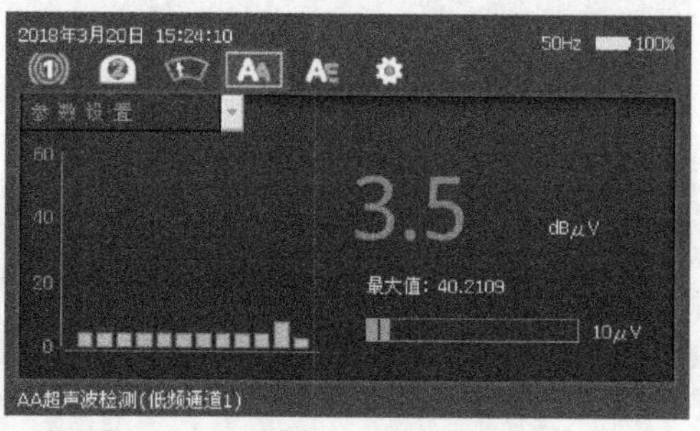

图 8-43　AA 超声幅值变化时序图形

2. PRPD 谱图和高频电流通道的放电量检测

高频通道的 PRPD 谱图和放电量检测均通过 PL 提供的短录波数据获得。

对短录波的数据序列计算其与横坐标轴所围面积，即电流（电压）的积分，间接得出放电量 Q，再根据短录波提供的时标和工频同步信号计算相位 φ，并在一定时间内对相同相位和放电量区间数据累加得出放电次数 N。PRPD 谱图和高频电流通道放电量变化时序图如图 8-44 和图 8-45 所示。

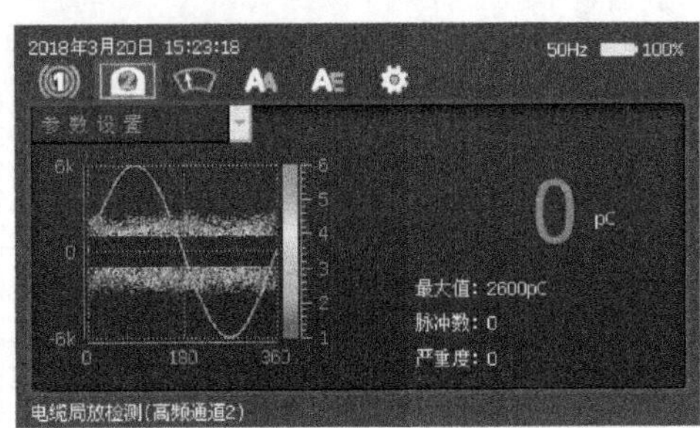

图 8-44 PRPD 谱图

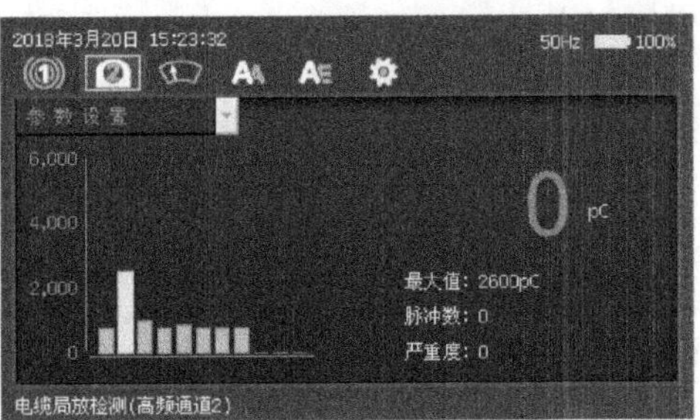

图 8-45 放电量变化时序图形

3. 波形显示与保存

以数据流形式传输的录波数据在 PS 部分进行数据拼接后显示和保存，用户可以在录波管理界面再次打开波形文件，也可以通过网口或 SD 卡复制传输文件，如图 8-46 ~ 图 8-49 所示。

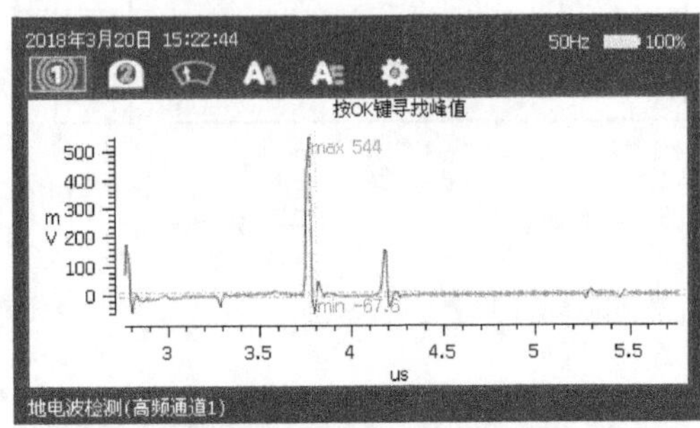

图 8-46 TEV 通道脉冲波形

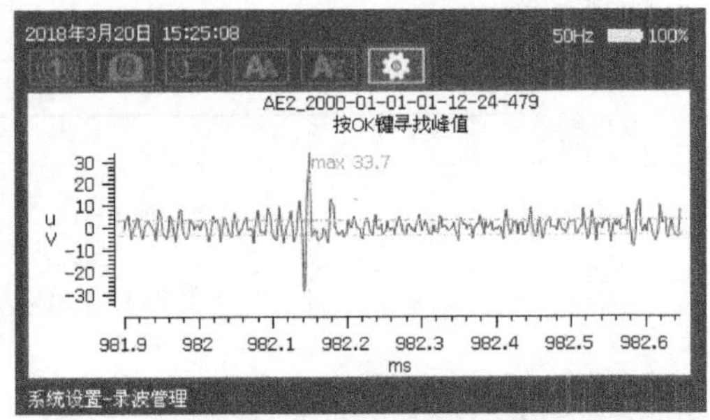

图 8-47 AE 超声通道波形

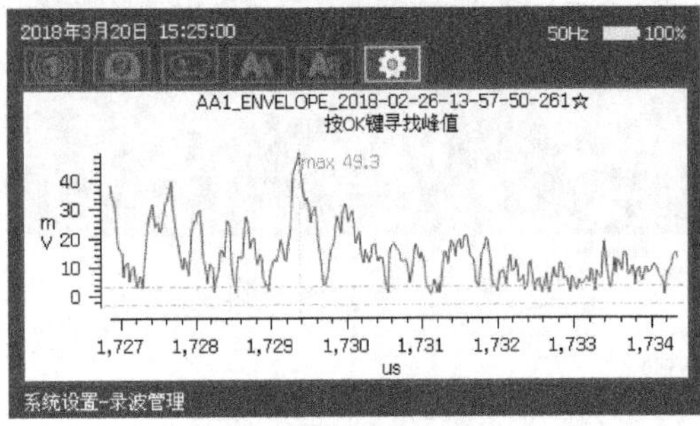

图 8-48 包络线波形

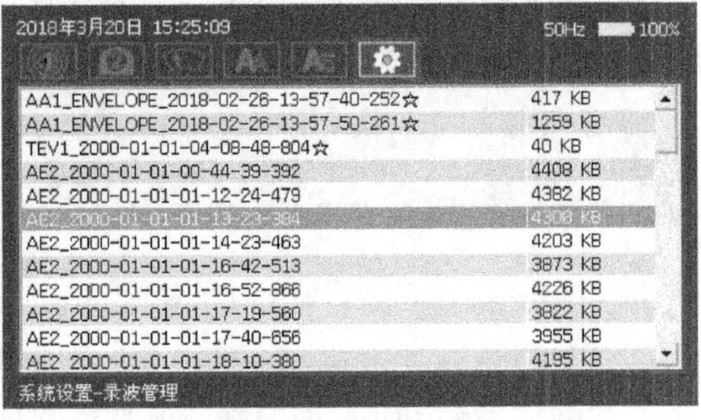

图 8-49 录波管理界面

4. 参数设置

开放部分参数配置供用户自行调整，涉及 FPGA 逻辑电路部分的参数则通过 AXI4 总线传输到 FPGA 中的控制寄存器，对 IP 核中的变量进行控制，如图 8-50 ~ 图 8-52 所示。

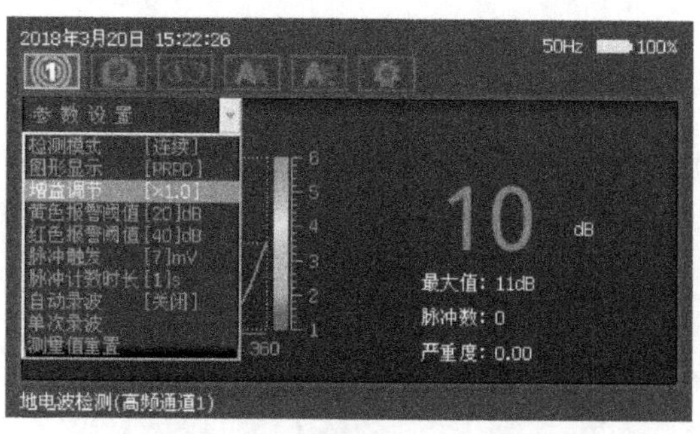

图 8-50 TEV 检测基本参数设置

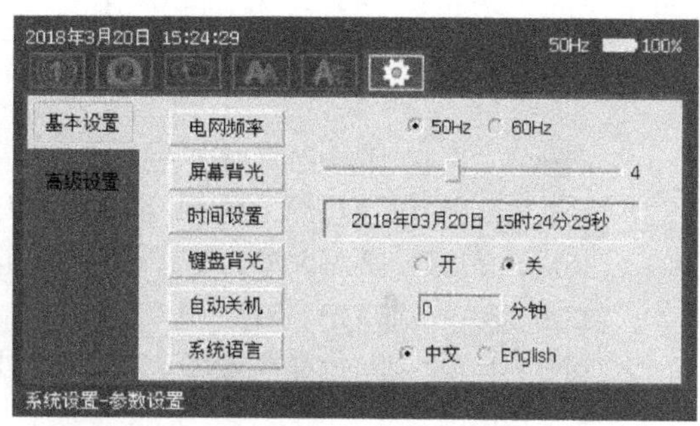

图 8-51 基本设置界面

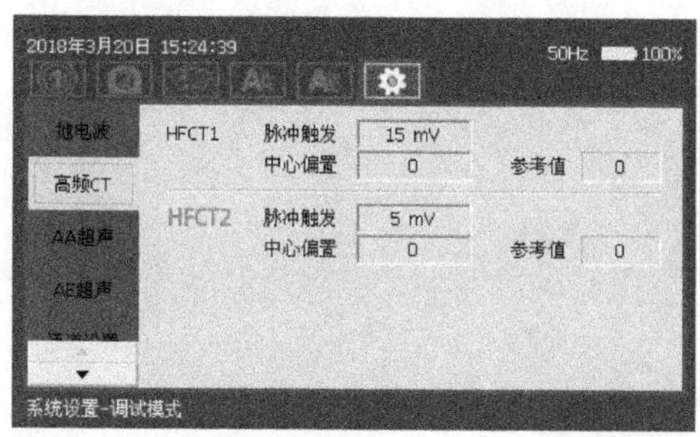

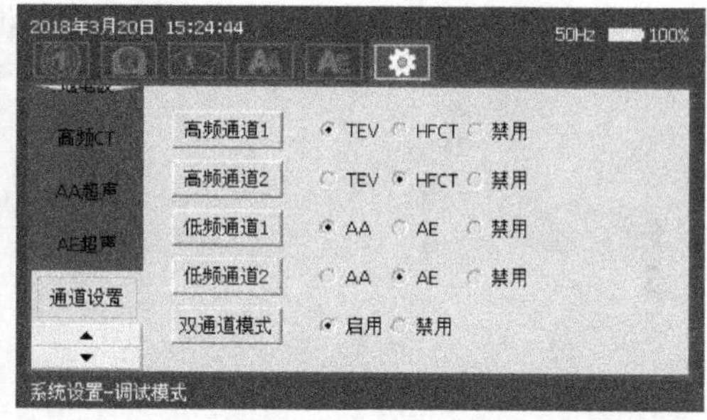

图 8-52 高级设置界面

参 考 文 献

[1] 费业泰. 误差理论与数据处理［M］. 7版. 北京：机械工业出版社，2015.

[2] 高晋占. 微弱信号检测［M］. 北京：清华大学出版社，2004.

[3] 杨庆，孙尚鹏，司马文霞，等. 面向智能电网的先进电压电流传感方法研究进展［J］. 高电压技术，2019，45（2）：349-367.

[4] 谢金龙，邓人铭. 物联网无线传感器网络技术与应用：ZigBee版［M］. 北京：人民邮电出版社，2016.

[5] 张宁，杨经纬，王毅，等. 面向泛在电力物联网的5G通信：技术原理与典型应用［J］. 中国电机工程学报，2019，39（14）：4015-4024.

[6] 王金武. 可靠性工程基础［M］. 北京：科学出版社，2013.